采动影响区输电杆塔地基稳定性评价

张　勇　高文龙　李振华　赵云云　著

科 学 出 版 社

北　京

内 容 简 介

本书以晋东南-南阳-荆门 1000kV 输电线路为工程背景，研究特高压线路途经煤矿采动影响区的输电杆塔地基稳定性问题。书中论述了特高压线路采空区勘察的原则及方法、采空区地球物理勘探的原则及方法选择。采取结合现场调查、地球物理勘探、数值计算、模糊综合评判等多种手段，对杆塔地基稳定性进行了定性及定量评价研究。根据研究结果，结合 BP 神经网络对特高压输电线路路径进行了优化。书中重点介绍了采空区地球物理勘探、采空区杆塔地基稳定性综合评价，多种采动影响区杆塔地基稳定性数值分析，采动影响区杆塔地基变形预测、预测方法及相关公式。在上述研究成果的基础上，作者基于概率积分法及其他相关公式，开发了“输电线路采动影响区地基稳定性评价系统”软件，介绍了软件编制及使用方法、各种预测实例分析等相关内容。

本书可供从事岩土工程分析、计算、施工和管理工作的技术人员阅读，也可供大专院校相关专业教师、研究生参考使用。

图书在版编目（CIP）数据

采动影响区输电杆塔地基稳定性评价/张勇等著. —北京：科学出版社，2016.11

ISBN 978-7-03-050446-3

Ⅰ. ①采…　Ⅱ. ①张…　Ⅲ. ①采动区-线路杆塔-地基稳定性-研究　Ⅳ. ①TM75

中国版本图书馆 CIP 数据核字（2016）第 264466 号

责任编辑：焦 健 韩 鹏/责任校对：何艳萍
责任印制：徐晓晨/封面设计：耕者设计工作室

科学出版社出版
北京东黄城根北街 16 号
邮政编码：100717
http://www.sciencep.com

北京建宏印刷有限公司 印刷
科学出版社发行　各地新华书店经销

*

2016 年 11 月第 一 版　开本：787×1092　1/16
2018 年 3 月第三次印刷　印张：10 1/4
字数：230 000

定价：88.00 元

（如有印装质量问题，我社负责调换）

前　言

我国首条 1000kV 特高压输电线路途径采动影响区，关键技术问题是掌握采空区输电杆塔地基变形规律及判定杆塔地基的稳定性，为此，研究人员对 1000kV 特高压线路采空区的分布情况进行调查分析，通过收集煤矿开采资料，摸清线路下煤层的开采情况，对采空区按现状进行了科学分类；局部有疑问的地区，合理运用钻探、三维地震、地质雷达和高密度电法等不同的勘探方法，对采空区资料进行补充勘探和验证，从而为杆塔地基稳定性分析、线路路径优化和采空区杆塔地基处理提供依据。

影响采空区杆塔地基稳定性的因素有很多，笔者在充分分析这些影响因素的基础上，运用层次分析法和模糊综合评判理论，提出了采空区特高压杆塔地基稳定性模糊综合评价方法，探讨了 BP 神经网络对采空区杆塔地基的沉陷变形进行预测的可行性。

笔者运用 FLAC 数值模拟方法，对采空区下伏煤层的复采、规划区煤层开采等对输电杆塔地基稳定性的影响进行了数值分析，并在大郭沟对断裂带两侧煤层进行了开采风险数值模拟，分析了各开采方案对输电杆塔地基稳定性的影响。

根据采动影响区的不同类型，结合特高压输电杆塔的结构特点，提出了输电线路路径优化方法，并运用模糊优选方法对采空区输电线路路径及塔位进行了优化，确定了优化路径。

笔者几十年来致力于岩土工程的勘察设计、研究与教学工作，在总结多年教学及科研工作经验的基础上，利用概率积分法基本原理、以 C#作为开发语言，编制完成了“输电线路采动影响区地基稳定性评价系统”软件，该系统包括采动影响区输电杆塔静态开采沉陷预计、残余变形预计、小煤窑采空区输电杆塔基础稳定性评价、采空区杆塔地基临界深度判断、输电杆塔基础保护煤柱设计及压覆资源量计算等相关内容。

全书分为六章：第一章介绍特高压线路采空区勘察，包括采空区对输电杆塔的影响、采空区勘察及原则、采空区勘察方法、采空区地球物理勘探布置原则及方法选择等内容；第二章主要介绍采空区输电杆塔地基稳定性模糊综合评判、基于 BP 神经网络的采空区杆塔地基变形预测以及采空区特高压输电线路路径及塔位优化；第三章介绍多种采动影响区杆塔地基稳定性数值分析，包括采空区下伏煤层复采影响分析、规划采空区杆塔地基稳定性计算分析、大郭沟断层两侧煤层风险开采与杆塔地基稳定性；第四章介绍 MTFA 沉陷变形预计公式及编程要点；第五章介绍小煤窑采空区地基稳定性初步评价、采空区输电杆塔塔基安全煤柱设计及压覆资源量计算；第六章介绍“输电线路采动影响区地基稳定性评价系统”软件基本功能及使用方法、预测实例分析等。

本书是笔者作为课题负责人和参与者，对参与完成的国家电网公司的 1000kV 级交流特高压输变电工程关键技术“多种采动影响区特高压线路塔基变形规律及稳定性”（SGKJ[2007]57）课题部分内容，以及中国电力工程顾问集团华北电力设计院有限公司

"科标业"课题"输电线路采动影响区地基稳定性评价系统"的系统总结。

本书由河北工程大学张勇和赵云云、中国电力工程顾问集团华北电力设计院有限公司高文龙和李振华合作完成，第一章由高文龙撰写，第二章至第四章由张勇撰写，第五章由李振华撰写，第六章由赵云云撰写，最后由张勇、高文龙统稿定稿。

本书写作过程中，引用了一些单位及个人的部分研究成果，在此表示衷心的感谢！书中涉及学科交叉的相关理论，如有不妥之处，敬请读者批评指正。

作　者

2016 年 9 月

目　录

第一章　特高压输电杆塔采空区勘察

第一节　1000kV 特高压输电线路

输电系统的稳步发展和彼此互联，使得现代电力系统正朝着大型、超大型互联系统方向发展，其覆盖地域延绵几百公里，甚至上千公里。大型互联系统能经济合理地利用资源，解决各地区能源与负荷分布不平衡问题；可以利用时差和季节差错开负荷高峰，减少电力系统总的装机容量、备用容量；可以安装大容量机组，降低运行成本，以提高投资效益和运行经济性；便于开展电力系统的优化调度，提高整个系统运行的经济性；便于在电力系统中发生故障时，各地区间发电出力的相互支援，提高电力系统运行的可靠性；等等。国外已形成多个跨洲、跨国的联合电力系统。在我国，现已形成华北、东北、华东、华中、西北、川渝、华南七个跨省的区域电力系统，实现国家总体能源发展及布局方针，“西电东送、南北互供、全国联网、厂网分开”已成为21世纪我国电力工业发展的方向。通过跨区超高压、远距离、大功率交直流输电线路实现大区联网，乃至全国联网是我国电力系统发展的目标。我国东北和华北已实现了交流500kV的联网，华北和华中实现大区联网。我国《国家中长期科学和技术发展规划纲要（2006—2020年）》中重点领域及其优先主题中首先提到能源，而提高能源区域优化配置的技术能力，重点开发安全可靠的先进电力输配技术，实现大容量、远距离、高效率的电力输配是主要内容，其优先主题之一为超大规模输配电和电网安全保障，重点研究开发大容量远距离直流输电技术和特高压交流输电技术与装备、间歇式电源并网及输配技术、电能质量监测与控制技术、大规模互联电网的安全保障技术、西电东输工程中的重大关键技术、电网调度自动化技术、高效配电和供电管理信息技术和系统。

特高压是一种1000kV交流或±800kV直流的输电技术，由于技术和经济的因素，当时世界范围仅有日本和俄罗斯架设了尚未转入商业化运行的特高压线路。为了适应国民经济发展对电力工业的要求，促进电力产业技术升级，对更大范围内的资源优化配置，实现跨大区、跨流域的水火互济，变输煤为输电，以提高能源利用率，国家电网公司在2004年提出投资4060亿元，用15年的时间将分散在东北、华北、西北、华中、华东的电网连成一片，从而实现电力资源的优化。在此背景之下，国家电网公司启动了特高压项目：晋东南-南阳-荆门的1000kV交流特高压试验示范工程，工程线路全长645km，跨越华北-华中电网，其未来投资数倍于三峡工程，堪称新中国成立后第一大工程。

我国建设的晋东南-南阳-荆门1000kV交流特高压试验示范工程，自北向南相继穿越山西的沁水煤田、河南的偃龙煤矿区、线路规划阶段共压覆煤矿产98.3km，其中在山西段穿越9.6km的大面积采空区、57km的压矿区、11km的正在开采区、在河南段穿越5.8km的正在开采区、14.9km的未来采空区，而且在未来的十年或几十年的时间内，线路路径沿线 98km 的区域内都将成为未来采空区。地下煤炭的大面积开采，必然引起采空区上方地表的移动和变形，造成地表的不均匀沉降，这将影响到途经开采沉陷区的输电线路杆塔的稳定性，轻则可造成基础倾斜、开裂、杆塔变形，重则造成基础沉陷、杆塔倾倒，严重威胁特高压输电线路的安全运行。

图 1.1 为可研阶段特高压线路山西段不同设计方案的部分路径示意图，图 1.2 为可研阶段河南偃师、伊川、汝州段部分路径示意图。

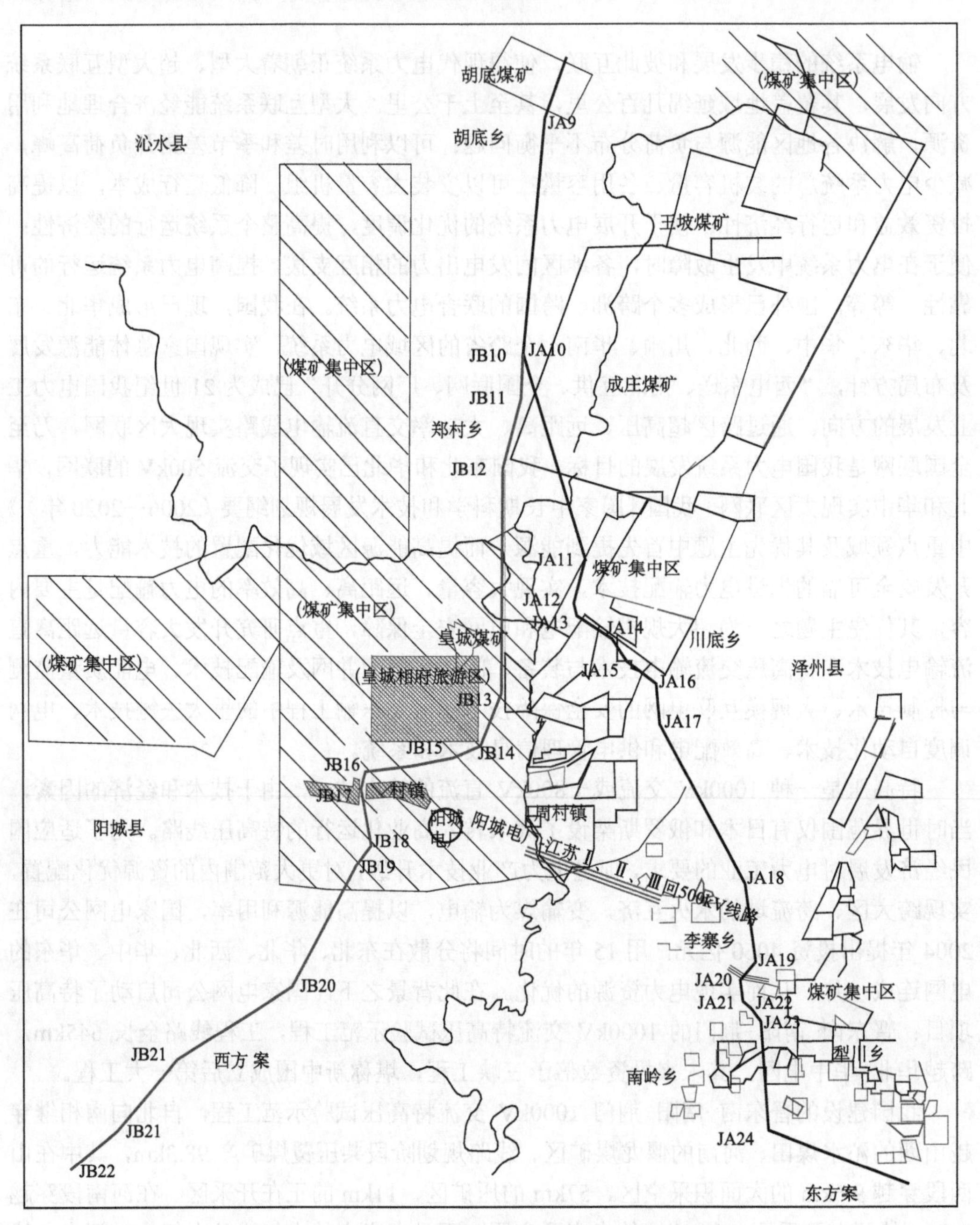

图 1.1　可研阶段山西段部分特高压线路路径示意图

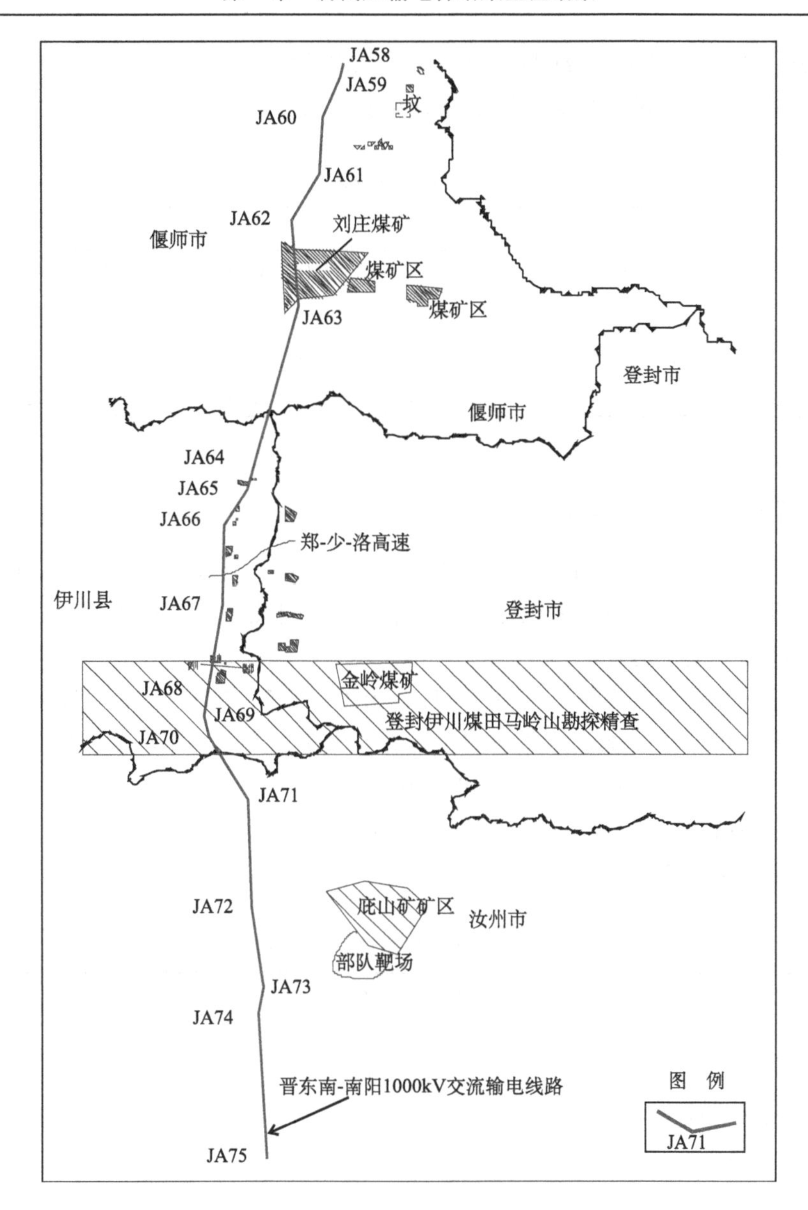

图 1.2　可研阶段河南段部分特高压线路路径示意图

特高压输电线路工程作为全国联网的骨干电网，线路运行要求安全可靠、万无一失，对线路途经的采空区如何进行准确的勘察、塔基变形规律如何、对塔基的稳定性采取何种手段和方法进行科学的分析与评价等，都是迫切需要解决的问题。

第二节　采空区对输电杆塔的影响

一、采动影响区及分类

1000kV 特高压输电线路山西段跨越了老采空区、正在开采区及规划开采压矿区等多种采动影响区域，根据特高压线路建设期间途经山西段、河南段对特高压杆塔开采影响的形式，将采动影响区进行分类，详细划分见表 1.1。

表 1.1　采动影响区分类

类型	亚类	基本情况
采动影响区	采空区	开采已经完成，形成的新、老采空区
	开采区	煤矿正在开采的区域
	规划区开采区	规划、设计已经完成，未开采的区域
	压矿区	未做规划的煤田区域，输电杆塔基础直接压覆矿产

二、高压线路安全运行基本要求

高压输电线路由杆塔基础、拉线、接地装置、杆塔、导线、绝缘子、横担、线路金具等组成。开采沉陷必然引起采空区上方的输电线路杆塔地基及杆塔产生移动、变形，从而威胁到线路的安全运行。

《架空输电线路运行规程》（DLT-741—2010）第 5.3.9 条规定，直线杆塔的绝缘子串顺线路方向的偏斜角（除设计要求的预偏外）大于 7.5°，且其最大偏移值不应大于 300mm，绝缘横担端部偏移不应大于 100mm。

为确保输电线路的安全运行，规程规定杆塔的倾斜、杆（塔）顶挠度、横担的歪斜程度不应超过表 1. 2 的规定。

表 1.2　输电杆塔的各类缺陷严重程度分级

类别	钢筋混凝土电杆	钢管杆	角钢塔	钢管塔
直线杆塔倾斜度	1.5%	0.5%（倾斜度）	0.5%（适用于 50m 及以上高度铁塔）	0.5%
直线转角塔最大挠度		0.7%		
转角和终端杆 66kV 及以下最大挠度		1.5%		
转角和终端杆 110～220kV 及以下最大挠度		2%		
杆塔横担歪斜度	1.0%			0.5%

《架空输电线路运行规程》（DLT-741—2010）中的附录 A.1 规定，导线与地面的距离，在最大计算弧垂情况下，不应小于表 1.3 所列数值。导线与山坡、峭壁、岩石之间的净空距离，在最大计算风偏情况下，不应小于表 1.4 所列数值。

国家电网输电一次设备标准缺陷库（2011 年版）及输电线路缺陷、隐患分类标准（试行）规定，不同材料类型输电杆塔的各类缺陷按其严重程度，分为三个级别，分别是一般缺陷、严重缺陷和危急缺陷，见表 1.5。

表 1.3　导线与地面的最小距离

地区类别	线路电压/kV				
	66～110	220	330	500	750
居民区/m	7.0	7.5	8.5	14	19.5
非居民区/m	6.0	6.5	7.5	11（10.5）	15.5（13.7）
交通困难地区/m	5.0	5.5	6.5	8.5	11

注：500kV 线路对非居民区 11m 用于导线水平排列，10.5m 用于导线三角排列的单回路；750kV 线路对非居民区 15.5m 用于导线水平排列单回路的农业耕作区，13.7m 用于导线水平排列单回路的非农业耕作区；交通困难地区是指车辆、农业机械不能到达的地区。

表 1.4　导线与山坡、峭壁、岩石最小净空距离

线路经过地区	线路电压/kV				
	66～110	220	330	500	750
步行可以到达的山坡/m	5.0	5.5	6.5	8.5	11
步行不能到达的山坡、峭壁和岩石/m	3.0	4.0	5.0	6.5	8.5

表 1.5　输电杆塔的各类缺陷严重程度分级

部件	部件种类	部位	缺陷描述	分类依据	缺陷等级
杆塔	角钢塔 钢管塔 钢管杆	塔身	倾斜	全高 50m 以下	
				倾斜度 10‰～15‰	一般缺陷
				倾斜度 15‰～20‰	严重缺陷
				倾斜度 ≥20‰	危急缺陷
				全高 50m 以上	
				倾斜度 5‰～10‰	一般缺陷
				倾斜度 10‰～15‰	严重缺陷
				倾斜度 ≥15‰	危急缺陷
杆塔	砼杆	塔身	倾斜	倾斜度 15‰～20‰	一般缺陷
				倾斜度 20‰～25‰	严重缺陷
				倾斜度 ≥25‰	危急缺陷
杆塔	大跨越塔			倾斜度 5‰～10‰	一般缺陷
				倾斜度 10‰～15‰	严重缺陷
				倾斜度 ≥15‰	危急缺陷

三、开采沉陷移动变形对输电杆塔的影响

随着采掘工作面的推进，采空区塌陷使得地下开采沉陷波及地表，地表形成比采掘工作面大得多的采空沉陷区，称为地表移动盆地，在地表移动盆地的逐渐形成与发展过程中，采空区沉陷导致岩层与地表的移动变化，引起地表输电杆塔地基的变形破坏。一

般常用下面的定量指标描述地表移动的状态：地表下沉、水平移动、倾斜、曲率、水平变形、扭曲和剪切应变（何国清等，1991）。其中，扭曲和剪切应变在实际工作中评价应用较少。

（一）地表下沉对输电线路及杆塔的影响

采空区地表塌陷将引起输电杆塔基础下沉，基础下沉必然降低输电杆塔的有效高度，使得输电线路垂距变短。采空区相邻塔基的沉降量不同，将影响导线的近地距离，地下水位较低的区域将引起杆塔基础被泡、地基土软化等一系列问题。

输电杆塔要承受上拨和下压及水平剪力的共同作用，相邻基础之间的不均匀沉降，产生了多种组合的载荷，造成杆塔内部各构件产生较大的应力。当铁塔构件的内力在附加应力的作用下超过材料的许可应力时，将导致铁塔结构的破坏，引发线路运行安全事故。

（二）地表倾斜对输电线路及杆塔的影响

相对于地表下沉，地表倾斜对输电杆塔的影响是最危险的，采空区输电杆塔基础的不均匀下沉将引起杆塔和基础发生倾斜。通常情况下，顺着线路方向的线杆倾斜由于电线的张力与牵引力作用，线杆沿线路方向的倾斜对线路产生的危害，比线杆垂直线路方向的倾斜引起的危害小（成枢等，2003）。输电杆塔在自身重力作用下将增加较大的水平分力和倾覆力矩，影响输电杆塔和基础的稳定性。由于采空区不同位置高压线塔的倾斜值不一致，必然导致输电杆塔之间的档距扩大或缩小，档距的变化相应地引起线路弧垂、导线近地距离等发生变化，从而产生诸如悬垂串倾斜、横担变形、导线弧垂超标等安全问题（查剑锋等，2005）。

（三）地表水平移动对输电线路及杆塔的影响

地表水平移动会引起杆塔基础发生平移，如果线路上的相邻杆塔沿线路发生的水平移动量并不一致或水平移动方向不同，则会造成输电杆塔之间的档距增加或减小，引起弧垂发生变化，档距的变化在相邻档产生的不平衡张力导致悬垂串向导线绷紧的一侧偏斜。水平移动方向的不一致使铁塔、横担受到扭力矩作用，导致铁塔转角超限或是横担变形（查剑锋等，2005），而且还会引起杆塔基础的根开增大或者减小（郭文兵、郑彬，2011），根开的变化使高压线塔结构内部产生附加应力，极易使横担产生弯曲甚至破坏。

（四）地表水平变形的影响

水平变形包括拉伸变形和压缩变形两种。地表水平变形对输电杆塔的影响主要体现在以下两个方面：①郭文兵和郑彬（2011）的研究表明，随着地表水平拉伸变形值的增加，高压线铁塔内杆件的轴向压应力和拉应力均呈二次方关系增加；随着地表水平压缩变形值的增加，高压线铁塔内杆件最大压应力和最大拉应力均呈对数关系递增。②地表拉伸变形对高压线铁塔的影响大于地表压缩变形的影响；地表水平变形对高压线铁塔倾斜度及横担歪斜度影响相对较小。

（五）地表曲率的影响

地表曲率变形使得杆塔地基产生弯曲，受地表曲率变形的影响，杆塔将重新调整内部的应力状态，从而使输电杆塔产生附加应力。正曲率使得输电杆塔基础中间受力大，负曲率使得杆塔基础两端受力大，正负曲率均易造成杆塔地基产生裂缝，影响塔基的安全。

通过上述分析可以看出，考虑到高压输电线路是由导线连接的点状构筑物组成，高压线塔与地表接触面积较小，故地表水平变形、曲率变形对其影响程度较轻。对输电线路有明显影响的变形指标是下沉、倾斜和水平移动。下沉、水平移动及倾斜变形通过地基与输电杆塔基础的相互作用后改变了高压线塔的空间位置，进而引起诸如档距、悬垂串偏斜、弧垂等运行参数超标。

对采空区 1000kV 特高压线路输电杆塔塔基变形规律及稳定性进行研究，可为解决采空区杆塔地基勘察特高压线路路径优化、稳定性评价、预测及地基处理方案优化等诸多问题提供一些可行方案。

第三节　采空区勘察及原则

一、国内采空区勘察规范

关于采空区的探测，目前国内外以采矿情况调查、工程钻探、地球物理勘探为主，辅以变形观测。

西方等发达国家对采空区的探测以物探方法为主，国内对采空区的探测以往主要借助于钻探，但近年来国内也逐渐认识到应用工程物探方法探测采空区的重要性和优越性。在美国，采空区等地下空洞探测技术全面，电法、电磁法、微重力法、地震法等都有很高的水平。其中高密度电阻率法、高分辨率地震勘探技术尤为突出（孙忠弟，2000；童立元等，2004）。

国内近年来对地下采空区探测方面做了大量的工作，针对不同采空区类型采用了多种物探方法，如电法、电磁法、地震波勘探、微重力勘探、放射性勘探等均在实际工作中得到应用（郭彦民、冯世民，2006；王强等，2001；张建强等，2004）。特别是三维地震勘探的推广应用，以其独具的信息量大、分辨率高等优点，使得探测地下几百米深的直径几十米甚至更小的采空区成为可能。为此，近几年国内从事煤田地震勘探研究和生产的单位相继开展了采空区探测的专题应用研究。

采空区岩土工程勘察包括工程地质测绘、勘探、采矿情况调查、地表变形观测及矿井井下测量等相关工作。工程地质勘察的目的是查清线路沿线采空区的分布位置，确定物探、钻探探测范围，并为输电线路路径方案的选择提供依据。关于采空区勘察，国内有几部规范及规程对其一般性原则进行了规定，如《工程地质手册》（第四版）、《岩土工程手册》、《岩土工程勘察规范》（GB50021—2001）、《公路工程地质勘察规范》（JTGC20—2011）、《铁路工程地质勘察规范》（TB10012—2007）、《铁路工程不良地质勘察规程》（TB10027—2012）。

《工程地质手册》（第四版），特殊地质条件勘察和评价中关于采空区勘察指出，采空区的岩土勘察工作，主要是搜集资料、调查访问、变形分析和岩土工程评价。主要查明以下内容：

（1）矿层的分布、层数、厚度、深度、埋藏特征和开采层的上覆岩性、构造等。

（2）矿层开采的范围、深度、厚度、时间、方法和顶板管理方法，采空区的塌落、密实程度、空隙和积水情况。

（3）地表变形特征和分布，包括地表陷坑、台阶，以及裂缝的位置、形状、大小、深度、延伸方向及其与地质构造、开采边界、工作面推进方向等的关系。

（4）地表移动盆地的特征，划分中间区、内边缘区和外边缘区，确定地表移动和变形的特征值。

《工程地质手册》（第四版）还对小窑采空区的勘察和评价提出了指导意见。

《岩土工程手册》第二十一章关于采空区勘察要求，采空区勘察主要应查明和预测下列内容：

（1）地层岩性、地质构造和水文地质条件。

（2）煤层的层数、厚度、倾角、埋藏深度、上覆岩层性质。

（3）开采计划、开采方法、顶板管理方法、开采边界、工作推进方向和速度。

（4）断层的露头位置、可能出现的台阶裂缝、塌陷坑的位置和大小。

（5）有无老采空区和老采空区活化的可能性及其对地表的影响。

（6）地表移动盆地特征，预测地表变形值：地表下沉、倾斜、曲率变形、水平变形和移动。

（7）采空区附近的抽、排水情况及对采空区稳定的影响。

（8）建筑场地的地形和地基土的物理力学性质。

（9）建筑物的类型、结构及其对地表变形的适应程度、建筑经验。

对老采空区尚应通过调查访问和物探、钻探工作查明采空区的分布范围、采厚、埋深、充填情况和密实程度、开采时间、开采方式，评价上覆岩层的稳定性，预测残余变形的影响，判定作为建筑场地的适宜性和应采取的措施。

对现采空区和未来采空区尚应预测和计算地表移动和变形的各种参数，并根据地表变形值的大小和建筑物的容许值，判断对建筑物的危害程度，决定是否需要采取加固保护措施。

采空区勘察的物探工作宜根据物性条件和当地经验采用综合物探方法，如地震法、电法等。

《岩土工程手册》对小窑采空区的勘察和稳定性评价提出了相关要求。

《岩土工程勘察规范》（GB50021—2001）规定，采空区的勘察宜以搜集资料调查访问为主。要求查明的主要问题与《工程地质手册》（第四版）一致。《岩土工程勘察规范》（GB50021—2001）提出对老采空区和现采空区，当工程地质调查不能查明采空区的特征时，应进行物探和钻探工作。对现采空区和未来采空区，需计算预测地表移动和变形的特征值时，可按现行标准《建筑物、水体、铁路及主要井巷煤柱留设与压煤开采规程》执行。该规范对采空区建筑场地的适宜性地段及非适宜性地段提出了一般性原则，对小煤窑采空区建筑适宜性地段及稳定性评价做出了具体规定。

《公路工程地质勘察规范》（JTGC20—2011）7.8.2 节规定，采空区的勘察应查明下列内容：

（1）地层岩性、地质构造、水文地质条件、地震动参数。

（2）采空区的开采历史、规划、现状、方法、范围和深度。

（3）采空区的井巷分布、断面尺寸及相应的地表位置。

（4）采空区的顶板厚度、地层及其岩性组合，顶板管理方法及稳定性。

（5）地下水的类型、分布、水位及其变化幅度，地下水开采对采空区稳定性的影响。

（6）有害气体的类型、分布特征和危害程度。

（7）地表沉陷、裂缝、塌陷的位置、形状、规模、发生时间。

（8）采空区与路线及构筑物的位置关系、地面变形可能影响的范围和避开的可能性。

《公路工程地质勘察规范》（JTGC20—2011）7.8.7 节规定：

当采空区的开采资料齐全，能说明采空区的位置、埋深、变形特征及其发展趋势和稳定条件时，宜布置物探，钻探进行验证。

（1）对开采巷道或坑洞分布复杂，无法进入坑洞内进行调查的采空区，应根据地面塌陷变形情况，开展综合物探，结合挖探、钻探进行综合勘探。

（2）宜采用地震勘探、地质雷达、高密度电法，孔间 CT 等与钻探结合进行综合勘探，物探测线宜垂直采空巷道的轴线方向布置。对开采资料匮乏或无规划开采的小型采空区勘探线宜按网格状布置。

《铁路工程地质勘察规范》（TB10012—2007）涉及采空区勘察的内容，在其 5.7.4 节人为坑洞部分有下列叙述：

（1）对有规划、有设计、有计划开采的矿区宜采用矿区设计、实施资料、实地测量资料与区域地质资料综合分析的方法，确定采空层位及范围、提出稳定性评价和工程措施意见、预留保安矿柱的宽度等。

（2）古窑、小窑采空区宜采用区域地质资料分析、实地调查访问、坑洞测量与勘探相结合的方法，查明开采情况、开采的层位、坑道的宽度及高度、顶板岩体性质、采空特征、地面变形情况，提出稳定性评价和工程措施意见。

（3）时间久远的其他人为坑洞地带宜采用区域地质资料、实地广泛调查访问及勘探相结合的方法，物性条件反映较好的地区宜采用物探指导钻探，以确定人为坑洞分布的层位及具体位置，提出稳定性评价及工程措施意见。

《铁路工程不良地质勘察规程》（TB10027—2012）10.3.2 节强调，人为坑洞地区地质调查应包括下列内容：

（1）收集人为坑洞区域地质资料（含矿产地质资料）、相关政府主管部门的矿产资源规划资料、矿区规划资料、矿区地质勘察资料（地质勘察报告、地质图、地质剖面图及综合柱状图）。

（2）调查勘察区地形地貌、地层岩性、地质构造、不良地质、地震等工程地质条件，查明人为坑洞地区地层层序、岩性、地质构造，含矿地层的分布范围及深度、产状、厚度，与采空区有关的其他不良地质现象的类型、分布位置与规模，采空区的开采层位、覆盖层的岩土类型及其工程地质特性。

（3）调查勘察区水文地质条件，查明人为坑洞地区地下水类型、水位埋深、地下水的季节与年变化幅度、最高与最低水位，采空区充水情况及地下水动态变化对坑洞稳定性的影响，了解采空区附近农业抽水和水利工程建设情况及其对采空区稳定性的影响。

《铁路工程不良地质勘察规程》（TB10027—2012）10.3.3 节采矿情况及采空区调绘应包括下列内容：

（1）充分收集人为坑洞区相关地质、矿区采矿（采掘工程平面图、井上井下对照图、采掘巷道分布图等）及人工开凿的各种坑道和洞穴等资料。

（2）调查访问采空区的开采历史、计划、方法，边界、顶板管理方法、工作推进方向和速度，采空区平面展布方向、断面尺寸及相应的地表位置，顶板的稳定情况、塌落、支撑、回填、充水情况，洞壁完整性和稳定程度，有害气体的类型、浓度、分布特征、压力和危害程度。

（3）必要的井下（洞内）测量、调查。

（4）收集人为坑洞地区不同时期的地形图、遥感图，并进行对比分析。

（5）难以收集采矿资料的老矿区、古窑采空区应采取调查访问等手段。

《铁路工程不良地质勘察规程》（TB10027—2012）10.3.4 节人为坑洞区地表变形和建筑物变形调绘中有关地表变形的调绘内容：

（1）变形的特征和分布规律，地表塌陷、裂缝、台阶的分布位置、形状、大小、深度、延伸方向、发生时间、发展速度，以及它们与采空区、岩层产状、主要节理、断层、开采边界、工作面推进方向等的相互关系。

（2）移动盆地的特征及边界，划分均匀下沉区、移动区和轻微变形区。

《铁路工程不良地质勘察规程》（TB10027—2012）10.4.1 节规定：在人为坑洞分布无规律、地面痕迹不明显、无法进入坑洞内进行调查和验证的地区，应采用直流电法、弹性波法及地质雷达等综合物探，并用物探结果指导钻探，必要时进行综合测井、跨孔弹性波层析成像，有条件时也可用触探等简易勘探方法。

二、特高压输电线路采空区勘察原则

特高压输电线路采空区勘察应查明老采空区上覆岩层的稳定性，预测现采空区和未来采空区的地表移动、变形的特征和规律性，判定其作为工程场地的适宜性为主要工作内容。勘察工作一般沿规划线路两侧展开，分析对杆塔产生影响的采空区地质概况。采空区勘察工作总的原则宜以搜集资料、调查访问为主，调查结果有疑问对输电杆塔威胁较大的地方辅助布置钻探和必要的物探工作量，并应查明下列内容：

（1）矿层的分布、层数、厚度、深度、埋藏特征和上覆岩层的岩性、地质构造情况等。

（2）矿层开采的范围、深度、厚度、时间、方法和顶板管理方法，采空区的塌落、密实程度、空隙和积水情况。

（3）地表变形特征和分布，包括地表陷坑、台阶，以及裂缝的位置、形状、大小、深度、延伸方向及其与地质构造、开采边界、工作面推进方向等。

（4）地表移动盆地的特征，划分中间区、内边缘区和外边缘区，确定地表移动和变形的特征值。

（5）采空区附近的抽水和排水情况及其对采空区稳定的影响。

（6）搜集建筑物变形和防治措施的经验。

对老采空区和现采空区，当工程地质调查不能查明采空区的特征时，应进行物探和钻探。

通过对特高压采空区沿线前期资料分析，建议对采深 $H \leqslant 350$m 的地方小煤矿采空区需要物探；采深 $H > 350$m（采厚比大于 100）的采空区不需探测；统配煤矿的规则开采采空区，以收资为主；采深 $H \leqslant 350$m（采厚比小于 100）的采空区需进行钻探验证；采空区资料清楚时，可布置物探工作量，直接进行钻探验证，为采空区杆塔基础注浆处理工程设计提供依据。

第四节 采空区勘察方法

一、工程地质测绘

工程地质测绘是为了了解特高压杆塔地基稳定性，是采空区勘察的基础工作，主要包括工程地质、水文地质及采矿情况调查等相关工作。工程地质测绘的目的是查清特高压输电线路沿线采空区的分布位置，进一步确定物探、钻探探测范围，并为物探、钻探方案及输电线路路径优化选择提供依据。工程地质测绘主要包括以下内容：

（1）线路沿线工程地质条件的调查，包括地形地貌、地层、构造、岩土性质、地震、水文地质条件、气象及各种物理地质现象的调查，主要通过搜集可能的线路路径沿线的区域地质图、构造地质图、矿产分布图、地质平面图和柱状图及文字说明等资料，并进行现场踏勘，有条件时可通过航片、遥感资料进行解译。

（2）采空区的调查，包括采矿情况调查、矿产规划、采空区踏勘测量，收集既有矿区设计实施资料、地表变形观测资料，分析矿区采空区及影响范围。

（3）采空区既有建筑物的变形破坏情况和地基加固处理经验等。

二、地球物理勘探

采空区的特点决定了人们不可能动用大量的钻探手段来探明采空区的分布状况，多年经验证明，地球物理勘探是了解采空区基本地质概况的最有效手段之一，采空区地球物理勘探常采用综合物探的方法，主要的地球物理勘探方法有浅层地震、高密度电法、磁法勘探、地质雷达、瞬变电磁、微重力勘探、放射性勘探和地球物理测井等，各种物探方法互有优缺点，物探方法的选择应结合地形与采空区埋深情况采用，尽量选择两种以上的物探方法进行综合勘探，在进行各种物探方法试验的基础上，根据各种物探方法具备的前提条件进行筛选，确定物探方法组合方式。

根据国内其他采空区勘察工程的物探资料、参考相关规范、相关研究成果（童立元，2003），推荐各种条件下的物探组合方法，见表 1.6。

表 1.6 物探方法组合表

地形起伏情况		地形平坦或较平坦				地形起伏较大			
采空区埋深/m		0~10	10~40	40~100	>100	0~10	10~40	40~100	>100
第一组合	平面	微重力或高密度电法				氡射气法		瞬变电磁法	
	剖面	地质雷达	瑞雷面波法	高密度电法	电测深法	地质雷达	瑞雷面波法	高密度电法	电测深法
第二组合	平面	瞬变电磁法							
	剖面	瑞雷面波法		高分辨地震		瑞雷面波法		地震法	
建议组合模式	平面	微重力		高密电法 反射波法	瞬变电磁法	氡射气法		瞬变电磁法	
	剖面	地质雷达	瑞雷面波法	高密度电法	高分辨地震	瑞雷面波法		弹性波	

三、采空区钻探

钻探是广泛采用的勘察方法，可以直接获得地质资料，采空区勘察工作中，有地质测绘、物探方法等得到的结论都必须要用钻探结果来验证。钻探目的如下：

（1）验证工程地质测绘及物探成果。

（2）查明采空区地层岩性条件，建立综合柱状图。

（3）查明水文地质条件，包括地下水位及其对混凝土的侵蚀性。

（4）查明采空区的控制范围、几何形态、顶底标高、三带发育情况等。

（5）采集岩土样品，进行岩土物理力学性质测试，特别是采空区顶部及上覆岩层的岩性物理力学性质，进行采空区发展演化分析。

（6）进行必要的原位测试。

（7）可利用钻孔进行井中物探。

第五节 输电杆塔地基采空区地球物理勘探

特高压沿线山西段煤矿开采时间久远，矿区重叠变换复杂，相关部门保留的地质、采矿资料缺乏，或者已搜集的资料中有部分可信度不高。因此，有必要开展相关采空区的勘探工作，以进一步探明采空区情况及水文地质与工程地质条件，除工程地质钻探外，地球物理勘探是较为理想的勘探方法。

一、地球物理勘探的目的

特高压沿线存在多种类型的采动影响区，地质条件及开采情况复杂，对输电线路杆塔地基稳定性存在严重隐患和不确定性。为了避免输电杆塔受到破坏性影响，较为准确地评价其稳定性，从有利于输电线路路径优化的前提出发，有必要对采空区地质条件、开采状况作全面了解，而大面积开展钻探工作是不现实的。因此，结合钻探验证进行沿线采空区的地球物理勘探工作是很有必要的，这是做出正确分析和判断的基础。地球物理勘探工作的目的：

（1）查明采空区的影响范围。

（2）查明采空区的开采状况与岩层移动状况。

（3）查明塔基附近的不良地质构造。

（4）补充验证已搜集资料的完整性和正确性。

（5）为输电线路路径的优化和塔位的调整提供依据。

输电杆塔周围采空区状况不明，将影响对杆塔地基稳定性评价的准确性，造成地基处理与基础形式选择的盲目性，未探明的不良地质构造也对线路的安全构成威胁。因此，采空区地球物理勘探对于进一步了解采空区地质条件、煤矿开采情况、杆塔地基稳定性评价，以及对采空区线路路径的优化、杆塔位置的调整均有十分重要的意义。

二、地球物理勘探的布置原则及方法选择

（一）地球物理勘探方法的选择

地球物理勘探的方法目前常用的有浅层地震、高密度电法、磁法勘探、地质雷达、瞬变电磁、微重力勘探等。根据表 1. 6 推荐的采空区地球物理勘探组合方法，结合特高压工程沿线地质条件，在分析所收集的现场资料的基础上，选取三维地震、高密度电法、地质雷达等几种物探方法对特高压沿线不同类型采空区进行了探测。

高密度电法的适用范围为 0～50m，最大的有效深度为 100m，因此，该方法可以在采空区小于 100m 的地段试用。

地质雷达的勘查精度 10m 以内效果最好，超过 30m 后效果较差，大于 60m 基本不适用，该方法可以在局部试用。

微重力式勘探对高差要求严格，投入成本较高，不适用。

1. 地震法

地震法适用性较强，从浅层到深层都适用，适合于本工程的探测。本次勘探线路所经河南段、山西段主要为平原区、低山-丘陵区、中-低山区、山间凹地、低山、中低山、低中山等，浅层地震地质条件一般。

本次以勘探采空区、小构造为主要目的，而煤层反射波是解释小断裂、小幅度褶曲及主要可采煤层埋藏深度的依据，因此煤层反射波品质的好坏是至关重要的条件。勘探

区内含煤地层沉积稳定，主要可采煤层二$_1$煤、五$_3$煤厚度较大。煤层的顶底板多为泥岩、砂岩，与煤层波阻抗差异较大，可形成能量强、连续性好的煤层地震反射波。

地震法分为二维地震和三维地震。二维地震是剖面地震，揭示的是一个地质剖面的情况。三维地震是全景地震，揭示的是一个地质体的完整情况，其成本较高。

2. 高密度电法

高密度电法是在常规电法勘探基础上发展起来的一种物探方法，它从根本上解决了常规电法勘探测点稀、工作效率低等难以解决的问题。

高密度电法在野外测量时，首先将全部电极以固定极距布设在测线上，用多芯电缆与程控多路转换器连接，通过程序控制接通电极完成各种方式的组合，提高了数据信息量和工作效率，测量结果的数字化可以通过软件对采集结果进行数字处理，以各种方式输出电性剖面图，使得解释结果更加准确、直观、可靠。

本次高密度电法工作的目的是配合岩土工程勘测手段对塔位的地层进行分层，根据任务要求，本次高密度电法选择每组 60 根电极，极间距 5m，采用温纳（AMNB）装置进行扫描测量，一次测量完成断面以下 19 层 570 个点的测量与数据的采集、记录。剖面长度为 300m，最大勘探深度为 50m。

每条测线通过塔心，测线 0 点位置即为塔心位置。测线选择两端较开阔、平坦的方向，以最大限度减小地形影响，在两端距离不够的情况下采取缩小极间距的方法进行测量，本次测量使用的极间距为 5m、3m、2.5m、2m 和 1m。

仪器采用重庆万马物探仪器有限公司生产的 WGMD-6 分布式三维高密度电阻率成像系统，该系统由主机、多路电极转换器、电极、电缆、电池箱组成。

3. 地质雷达

地质雷达与探空雷达相似，利用高频电磁波（主频为数十兆赫至数百兆赫乃至数千兆赫）以宽频带短脉冲形式，由地面通过天线传入地下，经地下地层或目的物反射后返回地面，被另一天线接收。脉冲波旅行时间为 T。当地下介质的波速已知时，可根据测到的准确 T 值计算反射体的深度。

仪器采用瑞典 MALA 公司生产的 RAMAC/GPR 探地雷达系统，该系统包括通用型主机（CUII）信号天线等。

本次地质雷达勘测工作的主要目的是查明塔位下部煤矿采空区的分布情况，根据任务要求，本次主要工作参数如下：①根据勘探深度要求使用 50MHz 天线；②天线发射接收距为 1m；③512ns 的采集时窗；④点测方式测量，点距 20mm；⑤数据采集采用自动叠加，键盘触发测试方式；⑥每条测线通过塔心，测线 25m 点位置即为塔心位置。测线选择两端较开阔、平坦的方向，以最大限度减小地形影响，探测有效深度为 20～30m。

（二）地球物理勘探布置原则

根据山西段煤层开采的地表沉陷实测资料分析，采深采厚比 H/M＞60 的采空区，地

表最大残余倾斜 i_0 为 5.7‰～6.8‰，在本区段采空区的开采条件下，倾斜变形 i 为 6‰～7‰，输电杆塔基础的变形可通过基础设施加以调整，不必注浆加固。而对于 $H/M \leqslant 60$ 的采空区，其残余变形较大，需要查明采空的位置，以确定是否需要进行采空区的注浆处理。本区煤层平均厚度 $M = 6$m，综合考虑，取采深 $H = 350$m 作为本区地球物理勘探的最大深度。

对于 $H > 350$m 的塔位，若对杆塔地基进行地球物理勘探，则勘探区面积较大，投入成本较高。因此，根据现场山西晋城及河南采空区的特点，提出特高压输电线路地球物理勘探布置原则如下：

（1）采深 $H \leqslant 350$m 的地方小煤矿采空区需要布置物探工作。

（2）采深 $H > 350$m 的采空区不布置物探工作。

（3）统配煤矿的规则开采采空区，原则上不布置物探工作。

（4）采深 $H \leqslant 350$m 的采空区需进行钻探验证。

（5）对于采动影响较大或难于判定采空区状况的塔位，物探与收集的资料存在实质性差异时，应采用钻探手段加以验证。

第六节　特高压杆塔采空区地球物理勘探

高密度电法的适用范围为 0～100m，因此该方法适用范围有局限性。但对局部地段采空区小于 100m 的地段可采用。

地质雷达的勘查精度 30m 以内效果最好，大于 50m 基本不适用，因此该方法在本工程可适用于探测浅部小煤窑采空区。

地震法分为二维地震和三维地震。二维地震是剖面地震，揭示的是一个地质剖面的情况。三维地震是全景地震，揭示的是一个地质体的完整情况，但其成本较高。

一、三维地震勘探

三维地震勘探是高密度面积勘探，它利用炮点和检波点的灵活组合获得分布均匀的地下 CDP 点网格，观测系统正确与否直接影响数据采集质量、资料处理效果和地质成果精度。

根据本测区地质特征进行计算机设计，通过多种观测系统的比较及多年来开展采区三维地震勘探的工作经验，进行优化后采用方位角特性较好、共面元道集内的炮检距分布均匀的十二线十炮制束状规则观测系统。

十二线十炮制束状观测系统参数如下：接收道数为 576 道（48×12），检波点距为 10m，检波线距为 20m，炮点距为 120m，炮线距为 10m，最小炮检距为 5m，最大炮检距为 285.7m，CDP 网格为 10m×10m。满覆盖次数为 40 次（即纵向 4 次，横向 10 次），仪器型号为法国产 SN388 数字地震仪，采样间隔为 0.5ms，记录长度为 1.5s，记录格式为 SEG-D，低截频率为 3Hz，低截陡度为 12dB/oct，高截频率为 512Hz，检波器为 3 只串 100Hz 高分辨地震检波器。

（一）采空区及陷落柱的解释方法

采空区的主要标志为反射波同相轴错断、消失。

陷落柱的主要标志为陷落柱表现为两条组合断点的特点，在顺层切片、方差体顺层切片上，陷落柱反映得更为突出（整片煤层缺失）。

在解释中以波形变面积的时间剖面为主，配合其他彩色显示剖面及水平切片识别断点。在解释采空区、陷落柱时充分利用工作站对时间剖面的局部放大功能，水平时间切片的振幅大小、同相轴错断宽窄、颜色强弱及顺层切片的振幅变化等多种综合显示方法，来确定采空区、陷落柱的存在。采空区解释实例如图 1.3 所示。

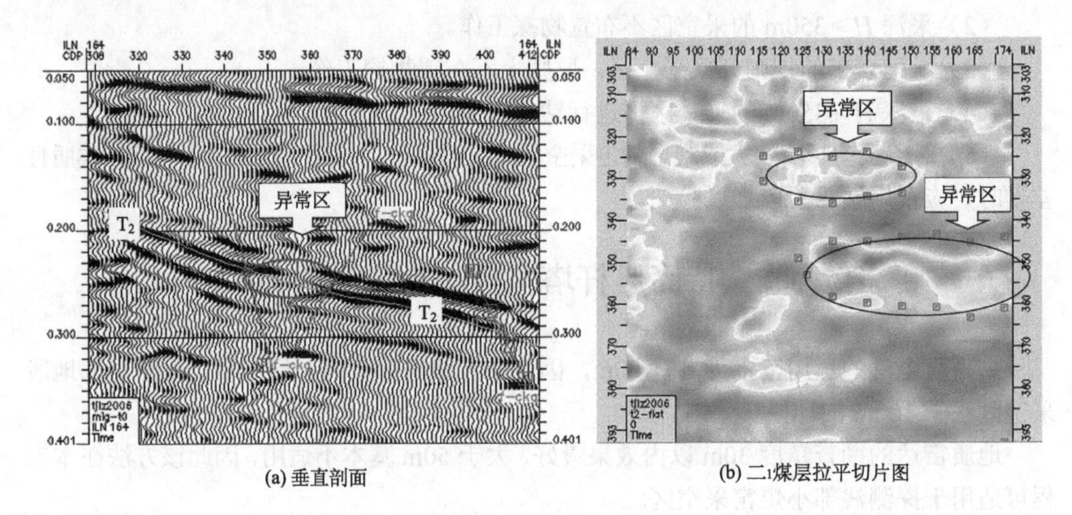

(a) 垂直剖面　　(b) 二₁煤层拉平切片图

图 1.3　采空区解释实例

本次物探工作在山西川底乡段进行了 14 级塔位的三维地震勘探和 4 级塔位的地质雷达探测。图 1.4 和图 1.5 为探测的部分输电杆塔附近的采空区。

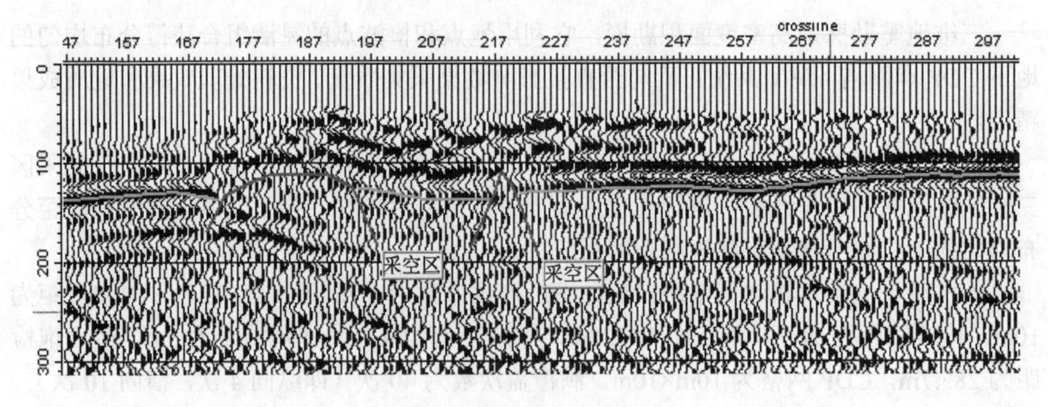

图 1.4　解译的局部采空区

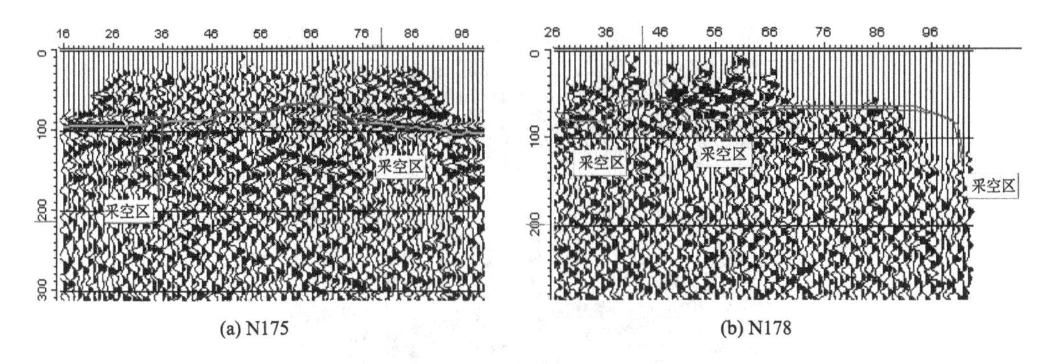

(a) N175　　(b) N178

图 1.5　解释的输电杆塔 N175、N178 采空区

河南刘庄煤矿位于华北板块嵩箕构造区的嵩箕断隆内。经过本次三维地震勘探，查明了测区内二$_1$煤层的赋存形态，测区内二$_1$煤层呈现为单斜构造，地层走向 EW、倾向 N，地层倾角为 10°～25°，测区内在二$_1$煤层解释了三块异常区。在测区中部偏南二$_1$煤层露头，测区南部（Z74+19 点以南）二$_1$煤层缺失。

河南刘庄段探测结果表明，测区内二$_1$煤层呈现为单斜构造，地层走向 EW、倾向 N，地层倾角为 10°~25°（一般为 19°）。煤层倾角最陡处位于测区北部、4601 钻孔西侧，煤层倾角最缓处位于测区中部、MG4 点北侧。区内二$_1$煤层底板标高为–120~185m，最高处位于测区中部、煤层露头处；标高最低处位于测区北部、勘探边界处。

测区中部二$_1$煤层出露，由中部向南二$_1$煤层缺失。在二$_1$煤层中共解释异常区 3 个。其中Ⅰ号异常区位于测区东北角、4601 孔北侧，面积 2206m^2，为较可靠异常区（图 1.6）；Ⅱ号异常区位于测区中部、塔基 Z74+16 南侧，面积 18433m^2，为可靠异常区（图 1.7）；Ⅲ号异常区位于测区中部、塔基 Z74+17 南侧，面积 9966m^2，为较可靠异常区（图 1. 8）。

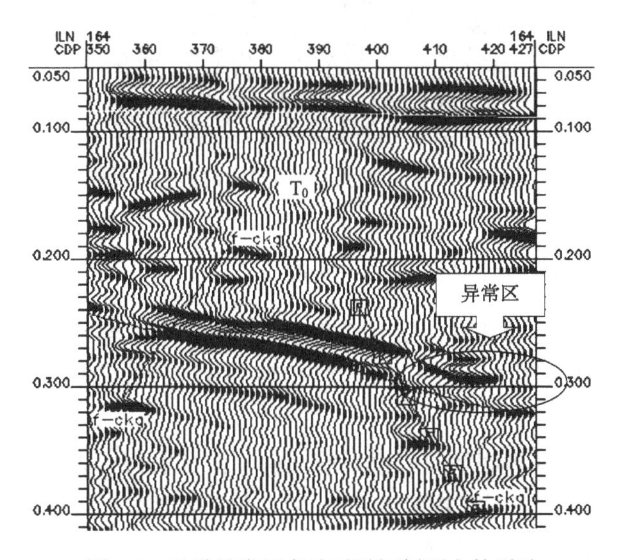

图 1.6　Ⅰ号异常区在地震时间剖面上的反映

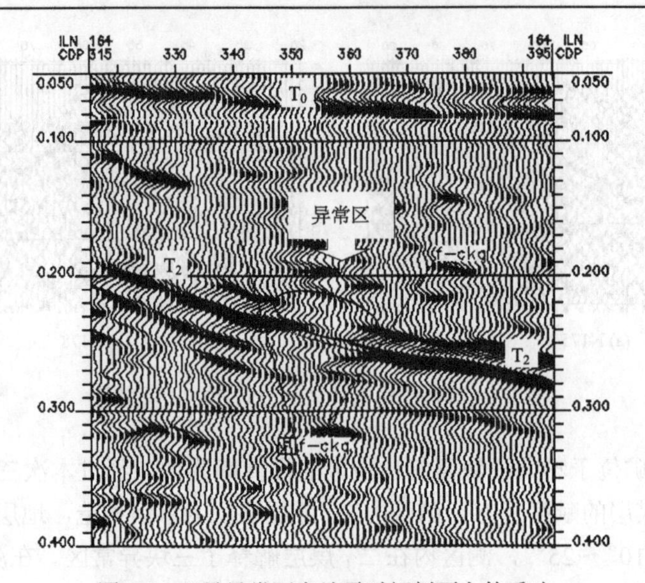

图 1.7　II号异常区在地震时间剖面上的反映

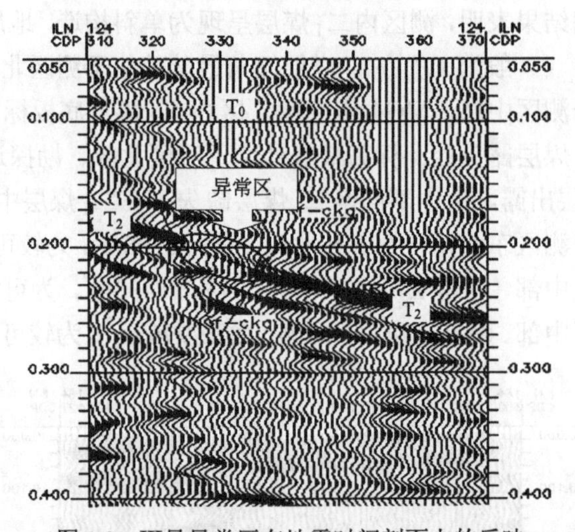

图 1.8　III号异常区在地震时间剖面上的反映

（二）三维地震勘探工作取得的主要成果

在实际工作中，在山西晋城川底乡线路段共进行了 14 级塔位的三维地震勘探和 4 级塔位的地质雷达勘探。图 1. 9 为山西晋城寺河段采动影响区输电杆塔 N166~N179 三维地震勘探成果。

特高压线路山西晋城川底乡段三维地震勘探工作，取得了以下主要成果：

（1）查明了勘探区内各塔基附近 3 号煤层的赋存形态，给出了 3 号煤层底板等高线。确定了杆塔地基及采空区相对位置。

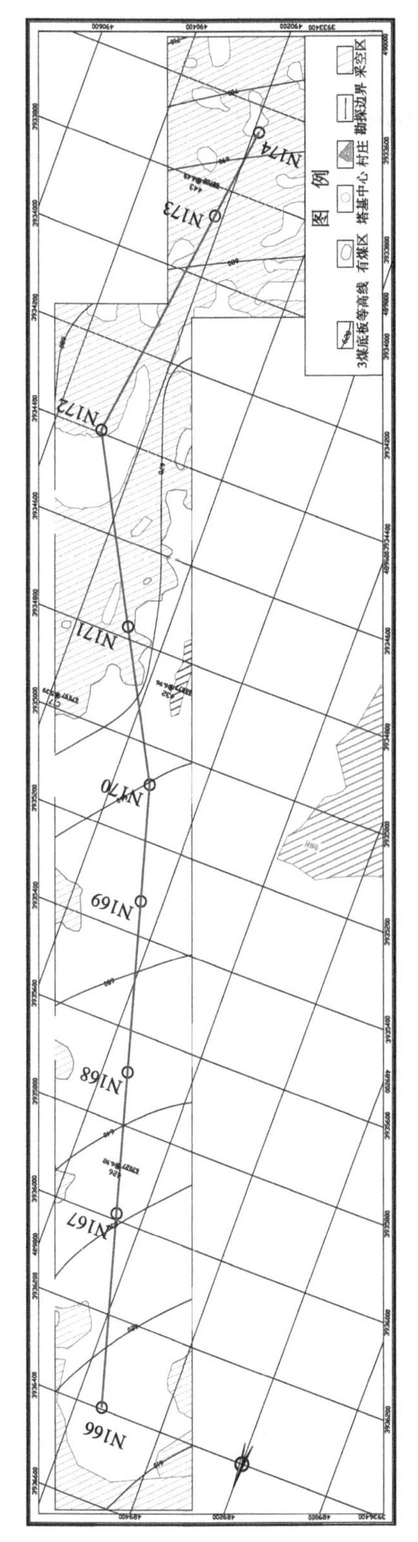

(1) 寺河段采动影响区特高压线路塔基N166-N174三维地震勘探成果

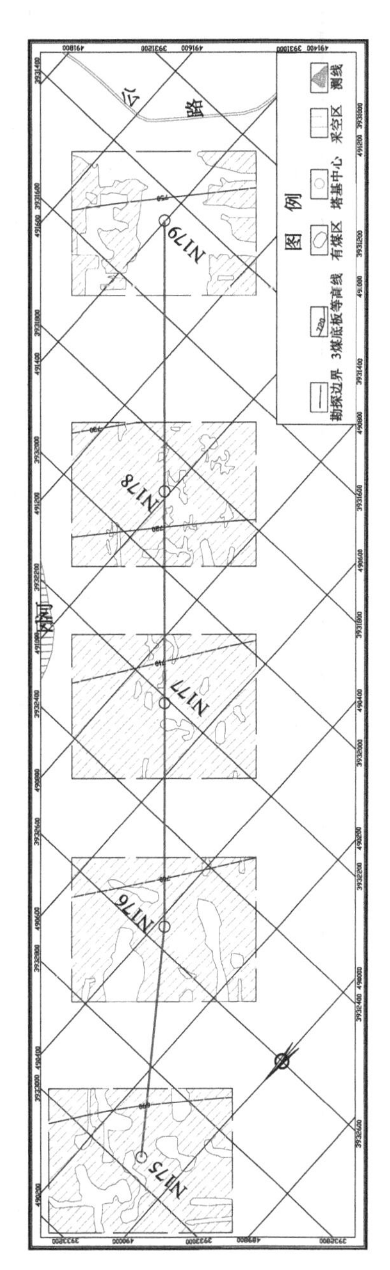

(2) 寺河段采动影响区特高压线路塔基N175-N179三维地震勘探成果

图 1.9　山西晋城寺河段三维地震勘探成果

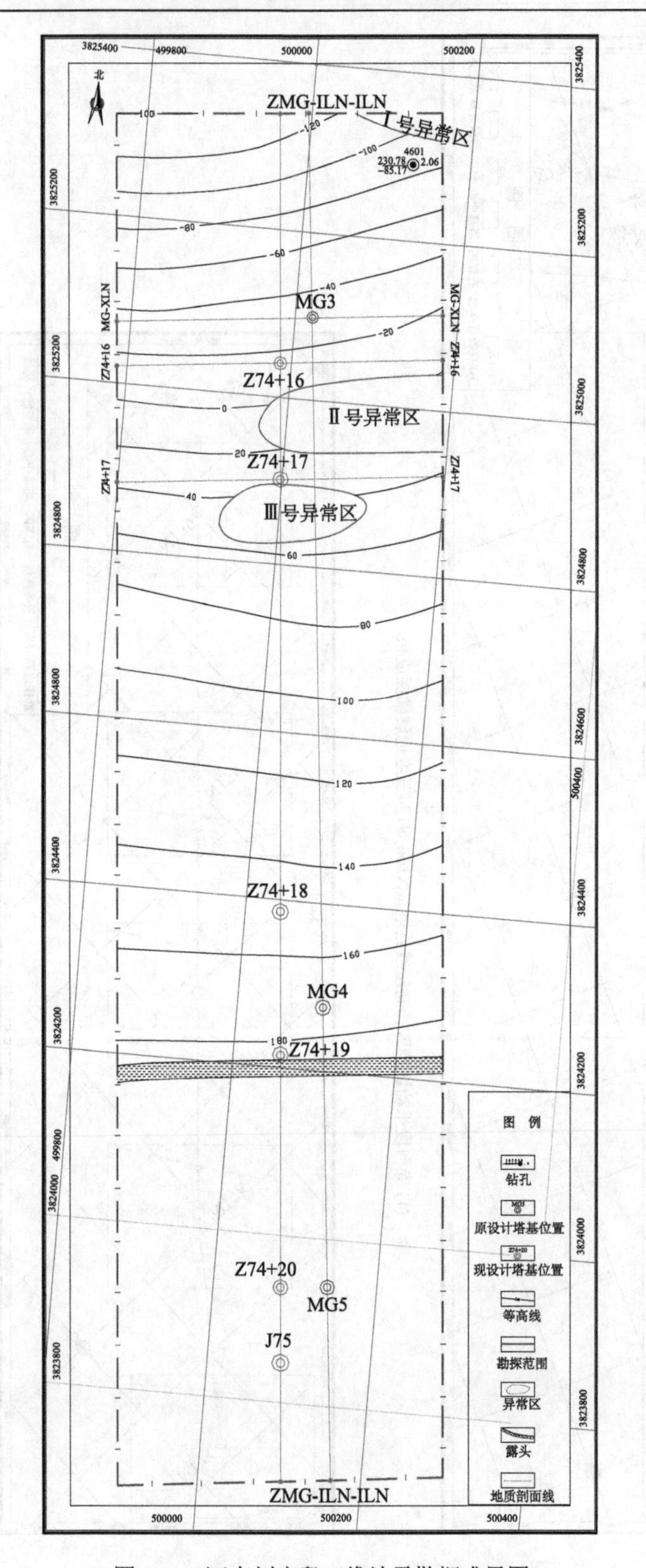

图 1.10　河南刘庄段三维地震勘探成果图

（2）查明了测区内 3 号煤层采空区、陷落柱的分布与形态。输电杆塔 N170、N169、N168、N167、N166 塔位下 3 号煤层未见开采，N174、N173、N172、N171 塔位下 3 号煤层开采较多， N178、N177、N176、N175 塔位周边基本全部采空，N179 塔位下覆 3 号煤层未采。未发现直径大于 20m 的陷落柱。

特高压线路河南刘庄段也开展了三维地震勘探工作，图 1.10 为三维地震勘探成果图。

特高压线路河南刘庄段的三维地震勘探工作，取得了以下主要成果：

（1）查明了勘探区内$二_1$煤层的赋存形态，测区内$二_1$煤层呈现为单斜构造，地层走向 EW、倾向 N，地层倾角为 11°～22°（一般为 18° ）。区内$二_1$煤层底板标高为−112～−180m，最高处位于测区中南部、煤层露头处；标高最低处位于测区北部、勘探边界处。

（2）查明了测区内$二_1$煤层的露头位置，在测区中南部$二_1$煤层有露头，测区中部向南$二_1$煤层缺失。

（3）查明了测区内$二_1$煤层中采空区、陷落柱的分布与形态。

本次三维地震勘探在$二_1$煤层中共解释出采空区 3 个（图 1. 6～图 1. 8）。

二、高密度电法

高密度电法布置在山西晋城南岭乡段、河南大郭沟 F38 断层带，南岭乡段进行了 8 级塔位的高密度电法勘探。

（一）山西晋城南岭乡段高密度电法勘探

本次物探工作在南岭乡段进行了部分塔位的高密度电法勘探（表 1.7）。根据高密度电阻率剖面图解释了各剖面基岩埋深，表 1. 8 为各剖面基岩埋深解释成果表。

表 1.7　高密度电法工作量统计表

位置	塔位编号	说明
南岭乡采空区	N207	剖面长度 150m
	N208	剖面长度 150m
	N209	剖面长度 150m
	N210	剖面长度 150m
	N211	由于地形条件，无法进行电法测量
	N212	剖面长度 300m
	N213	剖面长度 300m
	N214	剖面长度 150m
	N215	剖面长度 300m

从以上 8 级塔位电性剖面电阻率分布情况看，大都存在高阻和低阻闭合圈，根据其埋深和范围、规模分析，是基岩岩性差异所致。采空区与其周围基岩在电性上都表现为高阻区，无明显电性差异，因此，利用高密度电法在本区探测采空区，效果不太理想。图 1. 11 和图 1. 12 为部分塔位高密度电法成果图。

表 1.8　各剖面基岩埋深解释成果表

塔位编号	基岩埋深/m	说明
N207	0～10	塔位地表为麦田，基岩埋深 5m 左右，剖面部分基岩出露
N208	0～5	塔位地表为麦田，基岩埋深 2m 左右
N209	0～10	塔位地表为麦田，基岩埋深 2m 左右
N210	1～8	塔位地表为麦田，基岩埋深 6m 左右
N212	0～15	塔位地表基岩出露
N213	0～10	塔位地表为麦田，基岩埋深 3m 左右
N214	1～2	塔位地表为麦田，基岩埋深 1m 左右
N215	0～8	塔位地表为麦田，基岩埋深 6m 左右

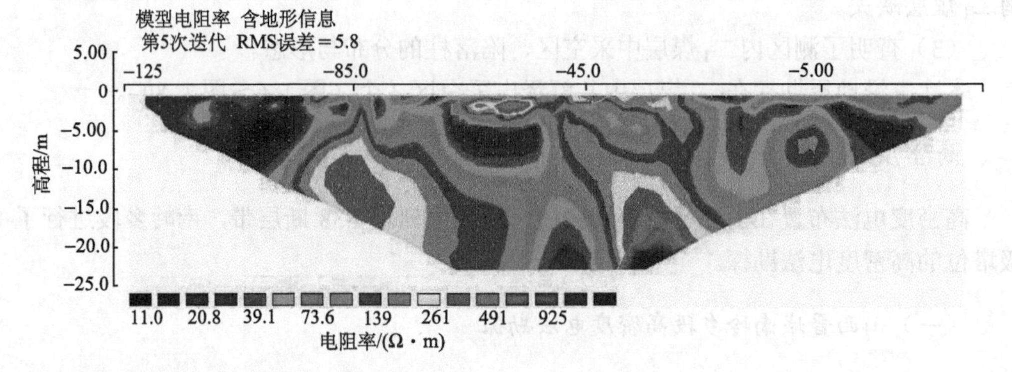

图 1.11　N207 电阻率剖面图

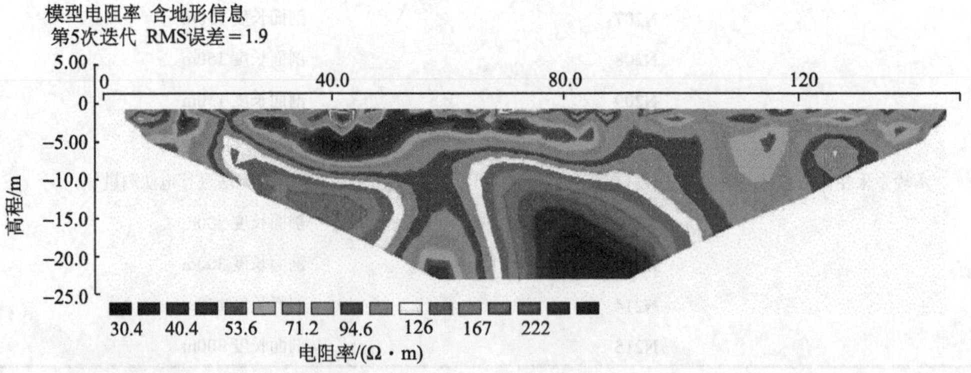

图 1.12　N208 电阻率剖面图

（二）大郭沟断层高密度电法勘探

大郭沟断层带 JA88 塔位和 JA88′ 塔位也布置了高密度电法勘探工作（图 1.13），图 1.14 和图 1.15 为 JA88（原编号 J81）和 JA88′（原编号 J81+1）塔位电阻率剖面图。解译推断，该断层距 JA88 号塔位约 30m，断层宽度约 25m；该断层距 JA88′ 塔位 52m。

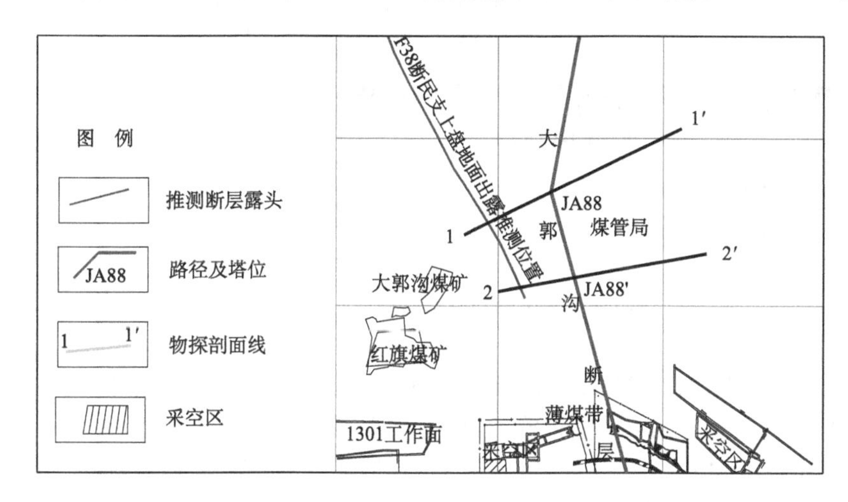

图 1.13　F38 断层带杆塔及物探布置示意图

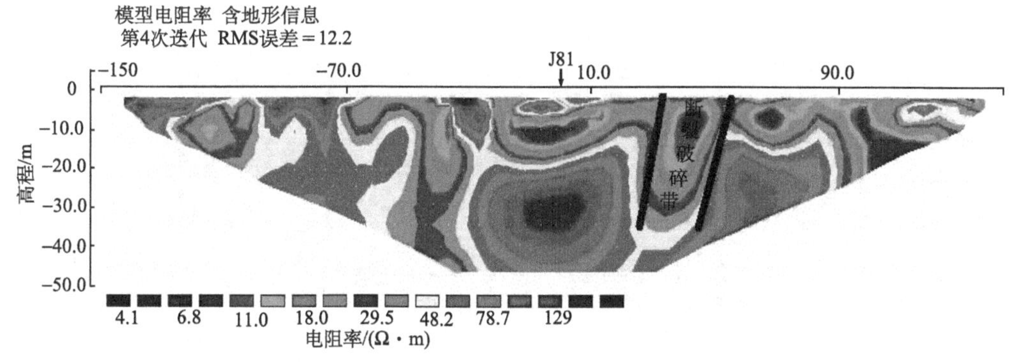

图 1.14　JA88（J81）塔位电阻率剖面图

三、地质雷达

山西晋城川底乡段线路仅在 A9（N175）、N169、N170、N173 塔位布置了地质雷达探测工作，剖面长度为 50m，本次地质雷达勘探深度为 30～50m，布置 4 级塔位，埋深 50m 范围内，地质雷达勘察结果未发现明显的采空区特征。

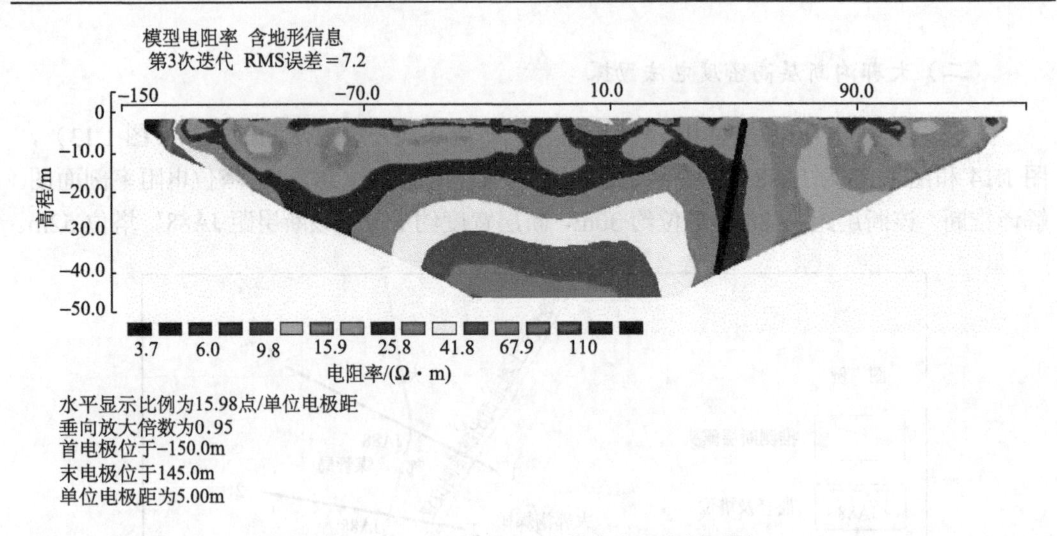

图 1.15　JA81′（J81+1）塔位电阻率剖面图

南岭乡段在 CK1212（N213）、CK1214（N214）、CK1217、N207、N208 、N209、N210、N211、N215、N224 塔位布置了地质雷达探测工作，剖面长度为 50m，共布置 10 级塔位，其中在 CK1217 塔位探测到采空区，其他部位未发现采空区。图 1. 16 为南岭乡段 CK1217 输电杆塔塔位地质雷达探测综合剖面图。

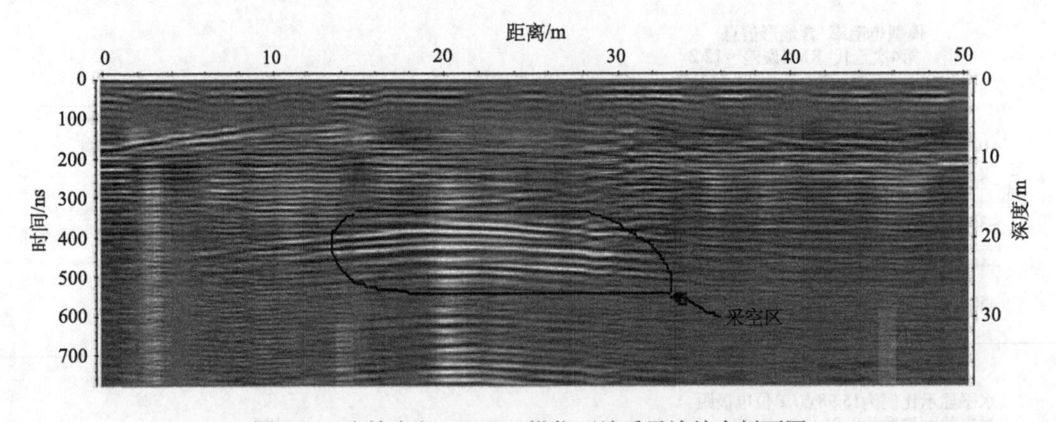

图 1.16　南岭乡段 CK1217 塔位下地质雷达综合剖面图

物探对于查清采空区的分布、查明不良构造，起到了良好的作用，补充了采空区资料的不足，对于塔基的稳定性评价起到了重要作用，实践证明，物探工作是探查采空区的一种有效手段。

物探成果对于输电线路路径塔位的优化提供了一手资料，如山西南岭乡段 CK1217 塔的跨越，刘庄段 MG3、MG4 塔位的调整，川底乡段 N179（A10）- N172（A16）采空状况的定位，均直接应用了物探成果。物探资料还将对地基注浆处理、钻孔位置的确定起到指导作用。

因此，在资金允许的情况下，物探工作应以三维地震为主，根据不同的地形、地质条件，辅以高密度电法、地质雷达、瞬变电磁等方法，达到相互补充和验证的目的。

四、采空区钻探验证

（一）钻探位置的选择

钻探工作主要对物探资料进行验证，同时采取岩心以获取塔基稳定性分析所需的物理力学参数，是重要的采空区勘察手段。

经综合分析，钻探工作分三个区域布置（川底乡 N170、N173、N176，南岭乡 N213、N214，刘庄开采区 N467），共计布置钻孔为 6 个，见表 1.9。

表 1.9　验证钻探工作量表

线路路径	山西段		河南段
具体位置	川底乡采空区	南岭乡-追山乡采空区	刘庄开采区
钻孔数量	3	2	1
钻探深度/m	479.3	103.9	235.95

（二）钻探验证情况评价

1. 川底乡段

1）N170 塔位

通过钻探揭露，该塔位下方 3 号煤层未开采，煤层埋深 205.76m，煤层厚 6.06m，顶板为泥岩，与资料调查结果略有差异；钻孔钻进至 116.43m 时岩体破碎程度较高，裂隙发育，漏水严重，岩心采取率低，钻进至 137.82m 及 203.65m 时采取中砂岩岩心呈长柱状，高角度裂隙发育，表明塔位周边煤层有采动现象，周边煤层的开采塌陷导致塔位下岩层的错动，引起岩层裂隙发育，与搜集资料分析情况较符合，与三维地震勘测情况较符合。

2）N173 塔位

由于场地所限，该塔位处深孔布置在塔位中心东北约 20m 处，通过钻探揭露，塔位下方 3 号煤层埋深 151.8m，煤层厚 4.3m，顶板为泥岩，与资料调查结果基本相同；钻孔钻进至 79.8m 及 85.8m 时采取细砂岩、泥岩岩心呈柱状，高角度裂隙发育，说明周边煤层有采动，周边煤层的开采塌陷导致塔位下岩层的错动，引起岩层裂隙发育，与三维地震物探的情况一致。

3）N176 塔位

通过钻探揭露，该塔位下方 3 号煤层埋深 104.35m，煤层厚 4.87m，顶板为砂质泥岩，与资料调查结果略有差异；钻孔钻进至 80.97m 及 96.82m 时采取细砂岩岩心呈块状，高角度裂隙发育，表明塔位周边煤层有采动现象，周边煤层的开采塌陷导致塔位下岩层的错动，引起岩层裂隙发育，与三维地震勘测情况较符合。

综合上述分析，钻探情况与资料调查及三维地震探测结果基本一致，钻探可以有效地验证资料调查及三维地震探测分析结果。

2. 南岭乡段

1）N213 塔位

通过钻探揭露，该塔位下方无 3 号煤层，9 号煤埋深 48.20m，煤层厚 3.00m，煤层顶板为泥岩。钻进过程中局部漏水、卡钻，均为强烈的岩石风化破碎引起，并非开采导致，未发现掉钻现象，说明塔位下方及周边煤层未开采，与资料调查情况一致。

2）N214 塔位

通过钻探揭露，该塔位下方无 3 号煤层，9 号煤埋深 42.90m，煤层厚 2.80m，煤层顶板为泥岩。钻进过程中局部漏水、卡钻，均为强烈的岩石风化破碎引起，未发现掉钻现象，塔位下方煤层未开采，与资料调查情况一致。

综合上述情况分析，N213、N214 塔位下方及周边煤层未开采，充分验证了资料调查情况。

3. 刘庄煤矿

根据钻探验证，该塔位下第四系覆盖层厚度为 170.8m，煤层埋深为 232.5m，煤层厚度为 1.15m，煤层顶、底板均为砂质泥岩。

通过上述情况分析，资料调查与三维地震勘探成果和钻探成果基本吻合，现场钻探工作有效地验证了资料调查及三维地震物探分析成果。塔位处于薄煤层区，其下方及周边煤层未开采。

第二章　采空区杆塔地基稳定性综合评判及线路路径优化

特高压线路采空区杆塔地基稳定性综合评判，是综合考虑沿线采空区地质及采矿条件，研究采空区沉陷变形对杆塔地基稳定性的影响与作用程度，通过对采空区的地质条件、开采条件及地面沉陷变形特征的分析，对特高压杆塔地基稳定性做出综合性评判。由于影响采空区地基稳定性的因素较多，且各因素的影响程度不尽相同，但相互间存在一定的内在联系，对于采空区杆塔地基稳定性评判及其分类问题，难以用经典数学模型加以分析论证，而采用模糊数学方法解决此类问题将是一个不错的选择。

第一节　杆塔地基稳定性分级及影响因素选择

层次分析法（杜栋等，2008）是将复杂的问题层次化，根据问题的性质和需要达到的目标将问题分解为不同的组织因素，按照因素的相互影响和隶属关系将其分层聚类组合，形成一个递阶的、有序的层次结构模型；引入1～9比例标度法构造出判断矩阵，用求解判断矩阵最大特征根及其特征向量的方法得到各因素的相对权重；最终通过计算最低层相对于最高层的相对重要性次序的组合权值，以此作为评价和选择方案的依据。

输电杆塔是一种高耸的钢结构构筑物，对杆塔基础稳定性影响最大的指标是杆塔基础的倾斜，而基础的沉降对杆塔稳定的影响程度略小，设计人员可以通过预留杆塔高度解决基础沉降对杆塔导线弧垂的影响。结合特高压杆塔抗变形的特点，参考《中华人民共和国电力行业标准架空送电线路运行规程》（DL/T741—2001），将采空区杆塔地基稳定性程度划分为4级，即Ⅰ-稳定；Ⅱ-相对稳定；Ⅲ-相对危险；Ⅳ-危险。

Ⅰ-稳定：杆塔基础倾斜≤5‰，基础沉降量相对较小或为均匀沉降。

Ⅱ-相对稳定：5‰＜杆塔基础倾斜≤10‰，基础沉降量相对较小或为轻微不均匀沉降。

Ⅲ-相对危险：10‰＜杆塔基础倾斜＜30‰，基础出现不均匀沉降。

Ⅳ-危险：30‰≥杆塔基础倾斜，基础出现不均匀沉降。

研究表明，采空区地表沉陷变形特征主要取决于地质、采矿两类因素的综合影响。地质因素包括覆岩的性质、地质构造、松散土厚度及性质、地应力状态、地下水作用、岩层组合等方面；采矿因素包括采深采厚比、采空区面积、开采方法、顶板管理方法、重复采动、时间过程等方面。

通过对特高压沿线采空区的调查研究，结合现场条件及采空区地基稳定性多年的研究成果，确定了地质条件、开采条件、边界条件三个主要影响因素作为参评因素，将三个主要影响因素分为10个因子作为评价指标（表2.1）。

表 2.1　影响因素评价指标集

影响因素		影响因素评价指标集	杆塔地基稳定性等级			
			Ⅰ（S_1）	Ⅱ（S_2）	Ⅲ（S_3）	Ⅳ（S_4）
地质条件 U_1	覆盖层厚度/m	u_{11}	u_{11}≤10	≤30	≤50	≥70
	煤层倾角/（°）	u_{12}	≤10	≤35	≤54	≥75
	断裂构造	u_{13}	无	简单	较复杂	复杂
	覆岩岩性	u_{14}	坚硬	中硬	中软	软弱
	采深采厚比	u_{15}	u_{15}≥170	≥120	≥80	<60
开采条件 U_2	顶板管理方法	u_{21}	水砂充填	煤柱支撑	垮落	小煤窑等
	开采完成时间/a	u_{22}	≥5	≥3	≤2	0
	重复采动次数	u_{23}	0	1	2	3
边界条件 U_3	杆塔边界位置	u_{31}	采区中心 采区外缘	靠近中心	靠近边缘	采区边缘
	临界深度/m	u_{32}	远大于 u_{32}	接近 u_{32}	小于 u_{32}	远小于 u_{32}

第二节　AHP 层次结构及判断矩阵的建立

一、AHP 层次结构

根据选定的输电杆塔地基稳定性影响因素，确定 AHP 层次结构，如图 2.1 所示。

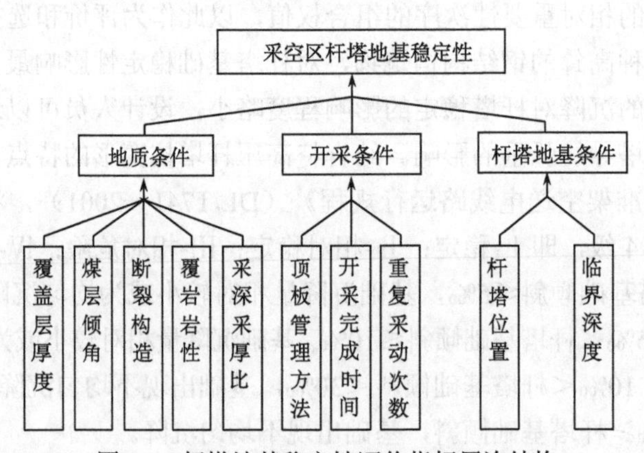

图 2.1　杆塔地基稳定性评价指标层次结构

二、构造两两比较判断矩阵

对于采空区杆塔地基稳定性而言，判断地质条件、开采条件和杆塔地基条件三者的相对重要性，根据层次分析法的 1～9 标度（表 2.2），构造出中间层对于目标层的判断矩阵（表 2. 3）。同理，分别构造出指标层对于中间层的判断矩阵（表 2. 4~表 2. 6）。

表 2.2　层次分析法的 1～9 标度

标度	含义
1	表示两个元素相比，具有同样重要性
3	表示两个元素相比，前者比后者稍重要
5	表示两个元素相比，前者比后者明显重要
7	表示两个元素相比，前者比后者强烈重要
9	表示两个元素相比，前者比后者极端重要
2，4，6，8	表示上述相邻判断的中间值
倒数	若元素 i 与 j 的重要性之比为 a_{ij} ，那么元素 j 与元素 i 的重要性之比为 $a_{ji}=1/a_{ij}$

表 2.3　采空区杆塔地基稳定性判断矩阵

采空区杆塔地基稳定性	判断矩阵一致性：CR=0.0707；对总目标的权重：1.0000			
	地质条件	开采条件	杆塔地基条件	W_i
地质条件	1.0000	3.0000	6.0000	0.6442
开采条件	0.3333	1.0000	4.0000	0.2706
杆塔地基条件	0.1667	0.2500	1.0000	0.0852

表 2.4　地质条件判断矩阵

地质条件	判断矩阵一致性：CR=0.0771；对总目标的权重：0.2851					
	覆盖层厚度	煤层倾角	断裂构造	覆岩岩性	采深采厚比	W_i
覆盖层厚度	1.0000	0.5000	0.3333	0.1429	0.1667	0.0454
煤层倾角	2.0000	1.0000	0.3333	0.2000	0.1667	0.0640
断裂构造	3.0000	3.0000	1.0000	1.0000	0.1667	0.1487
覆岩岩性	7.0000	5.0000	1.0000	1.0000	0.2500	0.2116
采深采厚比	6.0000	6.0000	6.0000	4.0000	1.0000	0.5302

表 2.5　开采条件判断矩阵

开采条件	判断矩阵一致性：CR=0.0624；对总目标的权重：0.6527			
	顶板管理方法	开采完成时间	重复采动次数	W_i
顶板管理方法	1.0000	4.0000	6.0000	0.6910
开采完成时间	0.2500	1.0000	3.0000	0.2176
重复采动次数	0.1667	0.3333	1.0000	0.0914

表 2.6　杆塔地基条件判断矩阵

杆塔地基条件	判断矩阵一致性：CR=0.0000；对总目标的权重：0.0623		
	杆塔位置	临界深度	W_i
杆塔位置	1.0000	3.0000	0.7500
临界深度	0.3333	1.0000	0.2500

三、层次单排序和一致性检验

在计算单准则下权重向量时，还必须进行一致性检验。在判断矩阵的构造中，并不要求判断具有传递性和一致性，即不要求 $a_{ij} \cdot a_{jk}=a_{ik}$ 严格成立，这是由客观事物的复杂性与人的认识的多样性所决定的，但要求判断矩阵满足大体上的一致性是应该的。如果出现“甲比乙极端重要，乙比丙极端重要，而丙又比甲极端重要”的判断，则显然是违反常识的，一个混乱的经不起推敲的判断矩阵有可能导致决策上的失误。而且上述各种计算排序权重向量（即相对权重向量）的方法，在判断矩阵过于偏离一致性时，其可靠程度也就值得怀疑了，因此要对判断矩阵的一致性进行检验，一次性检验符合要求方可进行下一步工作，具体步骤如下。

（1）计算一致性指标 CI。

$$\mathrm{CI}=\frac{\lambda_{\max}-n}{n-1} \tag{2.1}$$

（2）查找相应的平均随机一致性指标 RI。

表 2.7 给出了 1～15 阶正互反矩阵计算 1000 次得到的平均随机一致性指标。

表 2.7 平均随机一致性指标 RI

矩阵阶数	1	2	3	4	5	6	7	8
RI	0	0	0.52	0.89	1.12	1.26	1.36	1.41
矩阵阶数	9	10	11	12	13	14	15	
RI	1.46	1.49	1.52	1.54	1.56	1.58	1.59	

（3）计算随机一致性比率 CR。

$$\mathrm{CR}=\frac{\mathrm{CI}}{\mathrm{RI}} \tag{2.2}$$

当 CR＜0.1 时，认为判断矩阵的一致性是可以接受的；当 CR≥0.1 时，应该对判断矩阵做适当修正。

（4）层次总排序和一致性检验得到每一个要素相对于上一层次对应要素的权重值后，计算各层次所有元素对总目标相对重要性的排序权值，叫做层次总排序。通过层次总排序计算出各指标的组合权重（表 2.8），并用单排序指标加权求和的方法进行总排序的一致性检验。

表 2.8 各影响因素权重层次分析结果

影响因素	影响因子	权重
地质条件	覆盖层厚度 0.1305	0.5714
	煤层倾角 0.0934	
	断裂构造 0.1415	

续表

影响因素	影响因子	权重	
地质条件	覆岩岩性	0.2736	
	采深采厚比	0.3610	
开采条件	顶板管理方法	0.5675	0.1429
	开采完成时间	0.3575	
	重复采动次数	0.0751	
杆塔地基条件	杆塔位置	0.3333	0.2857
	临界深度	0.6667	

第三节　模糊综合评判计算模型

根据模糊数学中多级模糊评判理论（李鸿吉，2005；杜栋等，2008），把采空区杆塔地基稳定性程度的评判定义为有限论域 U,把影响其稳定程度的因素作为 U 中的元素，表示为

$$U=\{u_1,u_2,\cdots,u_i\cdots,u_n\}\ (i=1,2,\cdots,n) \tag{2.3}$$

定义采空区杆塔地基稳定性评语集 V，分成 m 个稳定性级别，表示为:

$$V=\{v_1,v_2,\cdots,v_j\cdots,v_m\}\ (j=1,2,\cdots,m) \tag{2.4}$$

首先对论域中单个影响因素 u_i（$i=1,2,\cdots,n$）进行单因素评判，从因素 u_i 着眼该事物对评语集 v_j 的隶属度 r_{ij}，得到第 i 个因素 u_i 的单因素评判集:

$$r_i=(r_{i1},r_{i2},\cdots,r_{im}) \tag{2.5}$$

将对每一个单因素评判的模糊集组合形成评判矩阵 $\boldsymbol{R}$，每一个被评价对象确定了从 $\boldsymbol{U}$ 到 $\boldsymbol{V}$ 的模糊关系 $\boldsymbol{R}$，即模糊评判矩阵。

$$R=\begin{bmatrix} r_{11} & r_{12} & \cdots & r_{1m} \\ r_{21} & r_{22} & \cdots & r_{2m} \\ \cdots & \cdots & \cdots & \cdots \\ r_{n1} & r_{n2} & \cdots & r_{nm} \end{bmatrix} \tag{2.6}$$

得到这样的模糊关系矩阵，尚不足以对事物做出评价，需要引入 $\boldsymbol{U}$ 上的模糊子集 $\boldsymbol{A}$，称为权重或权数分配集:

$$\boldsymbol{A}=(a_1,a_2,\cdots,a_m) \tag{2.7}$$

其中，$a_i\gg 0$，且 $\sum a_i=1$。它反映对诸因素的一种权衡。

引入 $\boldsymbol{V}$ 上的一个模糊子集 $\boldsymbol{B}$，对上述影响因素进行综合评价:

$$\boldsymbol{B}=\boldsymbol{A}\cdot\boldsymbol{R} \tag{2.8}$$

由 $\boldsymbol{B}$ 向量，按最大隶属度原则可得到分级评判，即为采空区杆塔地基稳定性模糊综合评判结果。一级评判选用影响因素指标 10 个，即 $n=10$；评判分级为 4 级，即 $m=4$。

二级评判选用因素指标 3 个，即 $n=3$；评判分级亦为 4 级，即 $m=4$。

模糊综合评判的关键是建立 $\boldsymbol{U}$ 和 $\boldsymbol{V}$ 之间的模糊关系矩阵 $\boldsymbol{R}$ 和 $\boldsymbol{U}$ 的模糊集 $\boldsymbol{A}$，即影响因素与各稳定性分级间的关系，亦即隶属度及权值。

第四节　隶属度的确定

在模糊数学中，一个实测值属于某一级别的程度称为隶属度，它是 0～1 之间的数，越接近 1，隶属于这一级别的程度就越大，这样，每给一个评价因素指标实测值，就对应一个隶属度。针对特高压杆塔及沿线采空区的特点，考虑各因素对采空区杆塔地基稳定性的影响程度，对定量数据，隶属函数可分可分为 S 型隶属函数、反 S 型隶属函数，隶属函数的构造方法如下。

对于覆盖层厚度、煤层倾角，相应的 4 级隶属度可用如下的反 S 型隶属函数分布曲线计算：

$$U_{\mathrm{I}}(x)=\begin{cases}1 & x\leqslant S_1\\ (S_2-x)/(S_2-S_1) & S_1<x\leqslant S_2\\ 0 & x>S_2\end{cases} \tag{2.9}$$

$$U_{\mathrm{II}}(x)=\begin{cases}0 & x\leqslant S_1,x>S_3\\ (x-S_1)/(S_2-S_1) & S_1<x\leqslant S_2\\ (S_3-x)/(S_3-S_2) & S_2<x\leqslant S_3\end{cases} \tag{2.10}$$

$$U_{\mathrm{III}}(x)=\begin{cases}0 & x\leqslant S_2,x>S_4\\ (x-S_2)/(S_3-S_2) & S_2<x\leqslant S_3\\ (S_4-x)/(S_4-S_3) & S_3<x\leqslant S_4\end{cases} \tag{2.11}$$

$$U_{\mathrm{IV}}(x)=\begin{cases}0 & x\leqslant S_3\\ (x-S_3)/(S_4-S_3) & S_3<x\leqslant S_4\\ 1 & x>S_4\end{cases} \tag{2.12}$$

式中，S_1、S_2、S_3、S_4 为相关评价因素分级的 4 级阈值（表 2.1）；x 为实测值。

对于采深采厚比、开采时间，相应的 4 级隶属度可选用如下升半梯形分布隶属函数：

$$U_{\mathrm{I}}(x)=\begin{cases}1 & x\geqslant S_1\\ (x-S_2)/(S_1-S_2) & S_2<x<S_1\\ 0 & x<S_2\end{cases} \tag{2.13}$$

$$U_{\mathrm{II}}(x)=\begin{cases}0 & x\geqslant S_1,x\leqslant S_3\\ (S_1-x)/(S_1-S_2) & S_2<x\leqslant S_1\\ (x-S_3)/(S_2-S_3) & S_3<x\leqslant S_2\end{cases} \tag{2.14}$$

$$U_{\mathrm{III}}(x)=\begin{cases}0 & x<S_2,x\leqslant S_4\\ (S_2-x)/(S_2-S_3) & S_3<x\leqslant S_2\\ (x-S_4)/(S_3-S_4) & S_4<x\leqslant S_3\end{cases} \tag{2.15}$$

$$U_{\text{IV}}(x)=\begin{cases} 0 & x \geqslant S_3 \\ (S_3-x)/(S_3-S_4) & S_4 < x \leqslant S_3 \\ 1 & x \leqslant S_4 \end{cases} \tag{2.16}$$

式中，S_1、S_2、S_3、S_4为相关评价因素分级的 4 级阈值（表 2. 1）。

对于定性描述的影响因素，可采用专家赋值的办法处理。相应的定性数据隶属于哪个级别其隶属度就为 1，否则为 0，与上述定量评价指标同步计算。

第五节　模糊综合评判及结果分析

根据实际调查资料，对采空区特高压沿线拟建杆塔地基，按各因素分级标准，计算其隶属度，最后根据各因素的权重值，采用两级模糊综合评判计算模型，逐个塔基进行评判计算，求得各杆塔地基稳定性级别。

下面以 N177 杆塔地基稳定性计算为例，说明综合评判计算过程：结合 N177 杆塔处地质、采矿及边界条件，利用上述隶属函数计算公式，计算出各影响因素隶属度，形成模糊评判矩阵 $\boldsymbol{R}$ 如下：

$$\boldsymbol{R}_1=\begin{bmatrix} 0 & 1 & 0 & 0 \\ 1 & 0 & 0 & 0 \\ 1 & 0 & 0 & 0 \\ 0 & 1 & 0 & 0 \\ 0 & 0 & 0 & 1 \end{bmatrix} \tag{2.17}$$

$$\boldsymbol{R}_2=\begin{bmatrix} 0 & 0 & 0 & 1 \\ 1 & 0 & 0 & 0 \\ 1 & 0 & 0 & 0 \end{bmatrix} \tag{2.18}$$

$$\boldsymbol{R}_3=\begin{bmatrix} 1 & 0 & 0 & 0 \\ 0 & 0 & 0 & 1 \end{bmatrix} \tag{2.19}$$

根据表 2. 8 计算结果得：$\boldsymbol{A}_1$=（0.1305, 0.0934, 0.1415, 0.2736, 0.3610），$\boldsymbol{A}_2$=（0.5675, 0.3575, 0.0751），$\boldsymbol{A}_3$=（0.3333, 0.6667），$\boldsymbol{A}$=（0.5714, 0.1429, 0.2857），选取相应的权重，分别对地质条件、开采条件、杆塔地基条件进行一级模糊综合评判，模糊向量为

$$\boldsymbol{B}_1=\boldsymbol{A}_1\cdot\boldsymbol{R}_1=(0.2349,\ 0.4041,\ 0.0000,\ 0.3610) \tag{2.20}$$

$$\boldsymbol{B}_2=\boldsymbol{A}_2\cdot\boldsymbol{R}_2=(0.4326,\ 0.0000,\ 0.0000,\ 0.5675) \tag{2.21}$$

$$\boldsymbol{B}_3=\boldsymbol{A}_3\cdot\boldsymbol{R}_3=(0.3333,\ 0.0000,\ 0.0000,\ 0.6667) \tag{2.22}$$

根据上述计算结果，利用已求出的各类因素的隶属度等级值 $\boldsymbol{B}_1$、$\boldsymbol{B}_2$、$\boldsymbol{B}_3$ 组成新的判别矩阵 $\boldsymbol{R}$，再与因素权重集进行矩阵合成运算，从而求得采空区杆塔地基稳定性分级的模糊向量 $\boldsymbol{B}$：

$$\boldsymbol{B}=\boldsymbol{A}\cdot\boldsymbol{R}=(0.2319,\ 0.2309,\ 0.0000,\ 0.4778) \tag{2.23}$$

按最大隶属度原则，两级模糊综合评判计算结果，隶属度最大值为 0.4778，判定 N177 杆塔地基稳定性程度划分为危险级。

第六节 基于改进 BP 神经网络的采空区输电杆塔地基变形预测

目前关于开采沉陷预测、采空区地基稳定性评价、沉陷变形机理等理论与技术问题在国内外已有多年探索研究，开采沉陷理论、数值模拟计算等方法在实际应用上也取得较为丰富的经验。特高压输电线路途经采空区，杆塔的地基稳定问题直接影响到线路的安全运行，因此，采空区输电线路杆塔地基变形预测一直是设计人员关心的问题。

采空区地表沉陷变形影响因素众多，人们很难建立起较完善的物理力学模型来解决此问题，通过 BP 神经网络的学习，可以得到输入与输出之间的高度非线性映射，建立沉陷影响因素与地表沉陷变形之间的非线性关系。

一、BP（Back Propagation）神经网络

人工神经网络（Artificial Neural Network，ANN）理论是 20 世纪提出的模拟人脑生物过程的人工智能技术，它由大量的，但很简单的神经元广泛互连形成复杂的非线性系统，神经网络具有容错能力强、预测及识别速度快的特点，无需考虑特征因素与判别目标之间的复杂关系及公式描述，至今已在信息处理模式识别、自动控制、故障诊断与检侧、系统建模等领域获得了越来越广泛的应用。BP 网络是一种神经网络学习算法，1985 年由 Rumelhart 和 McCelland 为首的科学家小组提出，是一种按误差逆传播算法训练的多层前馈网络，其由输入层、中间层（隐层）、输出层组成的阶层型神经网络（图 2.2），中间层可扩展为多层。

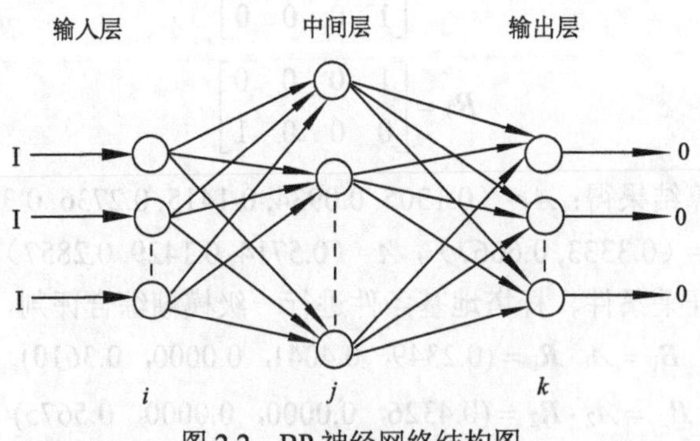

图 2.2 BP 神经网络结构图

BP 网络能学习和存储大量的输入-输出模式映射关系，而无需事前揭示描述这种映射关系的数学方程。通过反向传播来不断调整网络的权值和阈值，使网络的误差平方和最小。它是一种单向传播的具有三层或三层以上的前向神经网络，包括输入层、中间层和输出层，一个三层的 BP 网络理论上可逼近任意的非线性映射，因此在实际应用中，一般采用三层的 BP 网络就可以满足需要（苑希民等，2002）。

二、参数的选取及数据准备

（一）参数的选取

提高输入层节点数，即考虑的因素越多，并不能提高神经网络的判别准确率，反而增加了学习时间，影响采空区杆塔基础变形的因素很多，考虑到该地区相同的沉积环境，收集资料的难易程度、指标的简易性和代表性，本书选取采深采厚比、煤层倾角、顶板管理方法、开采完成时间、重复采动情况、杆塔与采空区相对位置 6 个指标作为主要影响因素，选取对杆塔地基影响最大的倾斜值作为目标向量。

为了使网络学习更为准确，本书从工程实践中选取了 25 级典型杆塔实例作为模型向量样本进行学习，即训练样本为 25 个，这 25 级杆塔基本资料组成一个 6 列×25 行的输入矩阵 ***P***，对应的杆塔地基最大倾斜值形成 1 列×25 行的目标矩阵 ***T***，这两个矩阵将作为神经网络的学习资料进行学习。

为测定网络预测的可靠性，选取 4 级杆塔地基的资料作为检验样本，这些检验样本的基本资料可以组成一个 6 列×4 行的矩阵，用于对网络的检测，在对网络进行检验时，不输入目标数据，以检验网络预测的可靠程度（Zhang and Zhao，2009）。

（二）数据的预处理

通常获取的数据样本不是都能直接用于网络训练的，由于原始数据量纲不同，不同变量的数据大小差别可能很大，数据分布范围也不一样。数据平均值和方差不一样，会导致夸大某些变量影响目标的作用，掩盖某些变量的贡献，不能有效地进行预测分类，另外，有些隐层、输出层的转移函数为单极性 Sigmoid 函数，它的输出范围存在限制。因此，必须将原始数据进行归一化处理（苑希民等，2002），这里采用的是最为常用的比例压缩法，计算公式如下：

$$\chi = \chi_{\min} + \frac{\chi_{\max} - \chi_{\min}}{X_{\max} - X_{\min}}(X - X_{\min}) \tag{2.24}$$

式中，X 为原始数据；$X_{\max}$、$X_{\min}$ 为原始数据最大值和最小值；χ 为变换后的目标数据；$\chi_{\max}$、$\chi_{\min}$ 为目标数据最大值和最小值，通常取值为 0.8～0.9 和 0.1～0.2。

网络运算完成后可采用式（2.24）进行数据还原。本书计算中，$\chi_{\max}=0.9$、$\chi_{\min}=0.1$。经过归一化处理后的 BP 网络学习样本及检验样本见表 2.9 和表 2.10。

表 2.9 BP 网络学习样本

杆塔编号	采深采厚比	煤层倾角	顶板管理方法	开采时间	重复采动	杆塔位置	预计倾斜
N154	0.479	0.9	0	0.1	0	1	0.336
N155	0.479	0.9	0	0.1	0	1	0.335
N156	0.637	0.9	0	0.1	0	1	0.274

续表

杆塔编号	采深采厚比	煤层倾角	顶板管理方法	开采时间	重复采动	杆塔位置	预计倾斜
N157	0.769	0.9	0	0.1	0	1	0.242
N158	0.900	0.9	0	0.1	0	1	0.220
N159	0.786	0.9	0	0.1	0	1	0.237
N160	0.794	0.9	0	0.1	0	1	0.236
N161	0.769	0.9	0	0.1	0	1	0.241
N162	0.786	0.9	0	0.1	0	1	0.237
N163	0.760	0.9	0	0.1	0	1	0.243
N164	0.760	0.9	0	0.1	0	1	0.242
N165	0.716	0.9	0	0.1	0	1	0.252
N166	0.443	0.9	0	0.1	0	1	0.354
N167	0.382	0.1	0	0.1	0	1	0.355
N168	0.452	0.1	0	0.1	0	1	0.348
N170	0.373	0.1	0	0.1	0	1	0.406
N171	0.268	0.1	0	0.3	1	0.8	0.110
N172	0.171	0.1	0	0.23	1	0.4	0.229
N173	0.311	0.1	0	0.17	1	0	0.100
N174	0.250	0.1	0	0.3	1	0.2	0.159
N175	0.188	0.1	0	0.3	0	0.8	0.177
N176	0.153	0.1	0	0.3	0	0	0.175
N177	0.144	0.1	1	0.9	0	0.4	0.203
N178	0.100	0.1	1	0.83	0	0.4	0.900
N179	0.681	0.1	1	0.1	0	1	0.261

表 2.10　BP 神经网络检验样本

杆塔编号	采深采厚比	煤层倾角	顶板管理方法	开采时间	重复采动	杆塔位置	预计倾斜
N150	0.733	0.9	0	0.1	0	1	0.248
N151	0.637	0.9	0	0.1	0	1	0.274
N152	0.566	0.9	0	0.1	0	1	0.294
N153	0.549	0.9	0	0.1	0	1	0.300

三、BP 神经网络的训练及预测

MATLAB 提供的神经网络工具箱（Neural Network Toolbox）几乎完整地概括了现有的神经网络的新成果，所涉及的网络模型有感知器、线性网络、BP 网络、径向基函数网络、自组织网络和回归网络等。本书采用 MATLAB 7.0 的 NNTOOL 神经网络工具箱 GUI 图形用户界面，在 GUI 界面下可以很方便地完成数据的输入和输出、网络的建立、数据的初始化以及神经网络的训练和模拟，避免了相对繁复、不直观的命令行程序，减少了程序编辑和调试的时间，从而可以集中精力思考解决问题的模型，提高了效率和解题质量。

（一）隐含层数及隐层神经元数目的选择

1998 年 Robert Hecht-Nielson 证明了对任何在闭区间内的连续函数，都可以用一个隐层的 BP 网络来逼近，而一个三层的 BP 网络可以完成任意的 n 维到 m 维的映射。因此，本书采用有一个隐层的网络进行训练。

对于多层前馈网络来说，隐层节点数的确定是成败的关键，若数量太少，网络所能获取的用以解决问题的信息太少；若数量太多，不仅增加训练时间，更重要的是隐层节点数过多还可能出现所谓“过渡吻合”（over fitting）的问题，即测试误差增大导致泛化能力下降，因此合理选择隐层节点数非常重要。关于隐层数及其节点数的选择比较复杂，一般原则是：在能正确反映输入输出关系的基础上，应选用较少的隐层节点数，以使网络结构尽量简单。本书采用 Hecht-Nielsen 于 1987 年提出的“$2N$+1”确定隐层神经元的方法（苑希民等，2002），其中 N 为输入的神经元节点数。

如前所述，确定的采空区杆塔地基稳定性影响因素为 6 个，则输入层的神经元节点数为 6，选定该模型的隐层层数为一层。采用 Hecht-Nielsen 提出的“$2N$+1”法来确定隐层神经元数（N 为输入的神经元节点数），确定隐层神经元数为 13。因此，该网络的拓扑结构为 6-13-1，网络拓扑图如图 2.3 所示。

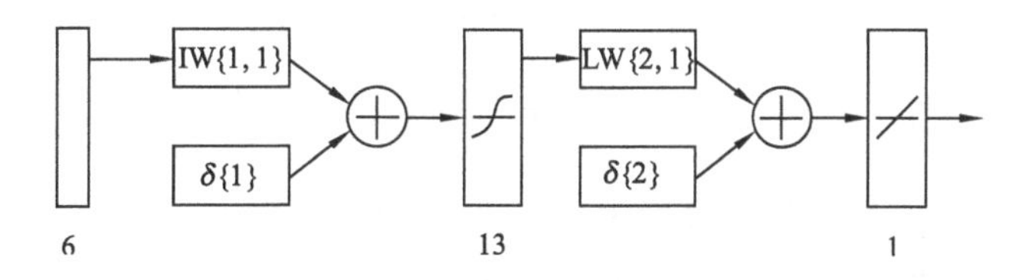

图 2.3　网络拓扑图

（二）BP 神经网络创建及训练

（1）启动 MATLAB，打开 NNTOOL 神经网络工具箱 GUI 图形用户界面，导入学习数据库 $\boldsymbol{P}$ 及目标矩阵 $\boldsymbol{T}$，Network Type 选定 Feed-forword backprop，即选定 BP 神经网络，确定每一输入神经元节点数据的最大值和最小值。

（2）Training function 选定基于 Levenberg-Marquardt 法改进的训练函数 trainlm，该方法是梯度下降法和牛顿法的结合，对中度规模的网络训练具有较快的收敛速度。

（3）Adaption lerning function 选用带动量的最速下降法 LEARNGDM。

（4）Performance function 复选框中选择 MSE（均方差性能函数）。

（5）在 Properties for 多选框中选择：第一层 neurons 为 13，传递函数（Transfer-function）选用正切 S 型 TANGSIG 传递函数，第二层 neurons 为 1，传递函数（Transfer-function）选用 PURELIN 传递函数。

首先初始化网络，并输入权重和偏差值，对网络进行训练，目标误差为 1×10^{-5}，经过 38 次训练后，系统误差达到 9.55966×10^{-6}，网络收敛（图 2.4），可以满足工程要求。

对比网络训练的输出值和误差值，比较目标数据与输出数据的误差，最大绝对误差为 0.0012247，最大相对误差为 0.506%，占总数的 4%。其余误差均小于此值，说明网络训练相当成功。

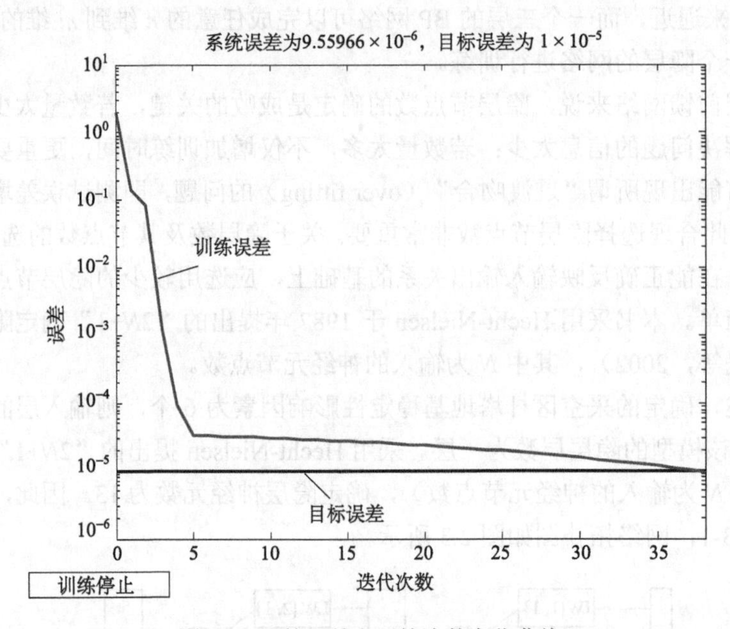

图 2.4　训练误差和训练次数变化曲线

用该训练网络对表 2.10 的检验样本进行模拟预测，得出的网络预测结果见表 2.11，对比分析相应的杆塔倾斜值，可以发现误差很小，符合实际情况。完全可以用于该地区采空区输电杆塔地基倾斜值的预测。

表 2.11　BP 神经网络预测值及误差分析表

塔号编号	期望倾斜	预测值	绝对误差	相对误差/%
N150	0.248	0.24838	−0.00037856	0.153
N151	0.274	0.27396	−0.000042843	0.015
N152	0.294	0.29843	−0.0044258	1.505
N153	0.300	0.30499	−0.0049941	1.664

第七节　采空区特高压输电线路路径及塔位优化

一、输电线路路径相关规定及采空区线路路径优化原则

（一）《110~750kV 架空输电线路设计规范》（GB50545—2010）

（1）路径选择宜采用卫片、航片、全数字摄影测量系统和红外测量等新技术；在地质条件复杂地区，必要时宜采用地质遥感技术；综合考虑线路长度、地形地貌、地质、冰区、交通、施工、运行及地方规划等因素，进行多方案技术经济比较，做到安全可靠、环境友好、经济合理。

（2）路径选择应避开军事设施、大型工矿企业及重要设施等，符合城镇规划。

（3）路径选择宜避开不良地质地带和采动影响区，当无法避让时应采取必要的措施；宜避开重冰区、导线易舞动区及影响安全运行的其他地区；宜避开原始森林自然保护区和风景名胜区。

（4）路径选择应考虑与电台、机场、弱电线路等邻近设施的相互影响。

（5）路径选择宜靠近现有国道、省道、县道及乡镇公路，充分使用现有的交通条件，方便施工和运行。

（6）大型发电厂和枢纽变电站的进出线、两回或多回路相邻线路应统一规划，在走廊拥挤地段宜采用同杆塔架设。

（7）轻、中、重冰区的耐张段长度分别不宜大于 10km、5km 和 3km，且单导线线路不宜大于 5km。当耐张段长度较长时应采取防串倒措施。在高差或档距相差悬殊的山区或重冰区等运行条件较差的地段，耐张段长度应适当缩短。输电线路与主干铁路、高速公路交叉，应采用独立耐张段。

（8）山区线路在选择路径和定位时，应注意控制使用档距和相应的高差，避免出现杆塔两侧大小悬殊的档距，当无法避免时应采取必要的措施，提高安全度。

（9）有大跨越的输电线路，路径方案应结合大跨越的情况，通过综合技术经济比较确定。

（二）确定线路路径方案的考虑因素

（1）线路路径的长度。

（2）通过地段的地形、地质、地物条件，以及对农作物、其他建设的影响。

（3）交通运输及施工、运行维护的难易程度。

（4）对杆塔选型的影响。

（5）大跨越及不良地形、地质、水文及气象地段的比较。

（6）设计技术上的难易程度，有关方面的意见要求等。

（7）线路总投资及主要材料、设备的消耗等。

线路路径的选择工作一般分为图上选线和野外选线两步。图上选线是先拟定出若干

个路径方案，开展资料收集和野外踏勘，进行技术经济分析比较，并取得有关单位的同意和签订协议书，确定出一个路径的推荐方案。报领导或上级（包括规划部门）审批后，再进行野外选线，以确定线路的最终路径，最后进行线路终勘和杆塔定位等工作。图上选线通常是在比例为1∶5000、1∶10000或更大比例的地形图上进行的。图上选线是把地形图放在图板上，先将线路的起讫点标出，然后将一切可能走线方案的转角点，用不同颜色的线连接起来，即构成若干个路径的初步方案。按这些方案进行线路设计前期的资料收集，根据收集到的有关资料，舍去明显不合理的方案。对剩下的方案进行比较和计算，确定2～3个较优方案，待野外踏勘后决定取舍，确定线路最佳方案。

（三）采空区输电线路路径优化原则

对途经采空区的输电线路，电力设计系统路径选择遵循的原则是途径压矿区、尽量避开采空区。对开采区和采空区内的塔位，尽量选择尚未开采的“安全岛”。

针对1000kV交流特高压工程通过采空区的问题，课题组成员在充分进行资料调查和理论分析研究的基础上，结合以往的线路设计运行经验，提出了采空区的路径、塔位选择的新观点。

（1）采用保护煤柱方式通过煤炭资源埋藏区，塔位压覆的煤炭资源将不能开采，造成资源的巨大浪费，资源补偿资金也是较大负担，应尽量避免采取上述方式。

（2）安全岛内及周边区域内的地下煤矿资源无法避免人为偷采、地下水侵蚀造成煤柱坍塌、地震及其他因素造成煤柱的损坏等，长期来讲，“安全岛”的稳定性无法得到充分的保证，并且存在重新开采的可能性，也是路线安全运行的重要隐患。

（3）1000kV特高压线路路径走向决定其无法避开山西采空区，采取绕行方式将增加工程投资，造成不必要的浪费。

（4）采空区内的地基沉陷是可预计的、工程上有可应对的处理措施，线路从采空区的稳定区域内通过，安全运行是有保证的。

基于上述认识，对采空区的路径及塔位的选择，提出以下原则：

（1）线路必须通过采空区时，应优先选择采深采厚比大、煤层顶板岩体强度高、开采时间长、地表沉陷变形相对稳定的区域通过。

（2）采空区内的塔位，应避开陷落柱和断层露头。

（3）杆塔塔位应尽量立在采空区中部，避开开采边界。

（4）对于沉陷未稳定的采空区、规划区，应根据沉陷预计地表变形量，结合基础、地基处理及结构措施综合考虑杆塔的设计。

二、采空区输电线路路径模糊优选

采空区输电线路路径的优化是建立在充分分析收集到的地质及采矿资料、采空区地球物理勘探资料、杆塔地基稳定性及变形分析的基础上，综合考虑各种影响因素的基础上进行的。

（一）多目标系统模糊优选模型的建立

1. 建立目标特征值矩阵

因素集是以影响优选对象的各种因素为元素组成的集合，如影响特高压路径的因素包括结构性因素如“路径长度”、“杆塔数量”、“转角次数”，以及非结构性因素（定性因素）如“施工及维护难易程度”等，用以下表达式表示：

$$U=\{u_1,u_2,\cdots,u_m\} \tag{2.25}$$

建立备选路径方案集：

$$V=\{v_1,v_2,\cdots,v_n\} \tag{2.26}$$

则由则 n 个方案 m 个目标的特征值矩阵为

$$X=\begin{bmatrix} x_{11} & \cdots & x_{1j} & \cdots & x_{1n} \\ \vdots & \ddots & \vdots & \ddots & \vdots \\ x_{i1} & \cdots & x_{ij} & \cdots & x_{in} \\ \vdots & \ddots & \vdots & \ddots & \vdots \\ x_{m1} & \cdots & x_{mj} & \cdots & x_{mn} \end{bmatrix}=[x_{ij}]_{m\times n} \tag{2.27}$$

式中，x 为方案 j 目标 i 的特征值；$i=1, 2, \cdots, m$；$j=1, 2, \cdots, n$。

2. 确定相对隶属度关系矩阵及方案与理想的优劣方案之间的欧氏空间距离

对越小越优性指标，目标相对优属度计算公式为（傅鹤林等，2006；杜栋等，2008）

$$r_{ij}=\frac{x_{i\max}-x_{ij}}{x_{i\max}-x_{i\min}} \quad 或 \quad r_{ij}=1-\frac{x_{ij}}{x_{i\max}+x_{i\min}} \tag{2.28}$$

对越大越优性指标，目标相对优属度计算公式为

$$r_{ij}=\frac{x_{ij}-x_{i\min}}{x_{i\max}-x_{i\min}} \tag{2.29}$$

式中，r_{ij} 为方案 j 指标 i 的相对隶属度；x_{ij} 为方案 j 指标 i 的特征值；$x_{i\max}$、$x_{i\min}$ 分别为指标 i 的最大值、最小值。

对于定性目标，可以采用语言变量和模糊数的方法对各个方案进行评价，语言变量集 V=[优，良，中等，差]，将语言变量在目标的论域[0，1]中赋予对应的模糊数来表示。本书采用线性隶属函数，其隶属度数值集为 C=[1.0，0.8，0.6，0.3]。

设决策 j 对优的相对隶属度以 u_j 表示，对劣的相对隶属度以 u'_j 表示，根据模糊集合的余集定义，有 $u_j+u'_j=1$。故决策以相对隶属度 u_j 隶属于优的欧几里得距离 d_{jg} 和隶属于劣的欧几里得距离 d_{jb} 分别为

$$d_{jg}=\sqrt[p]{\sum_{i=1}^{m}[w_i(g_i-r_{ij})]^p} \tag{2.30}$$

$$d_{jb} = \sqrt[p]{\sum_{i=1}^{m} [w_i (r_{ij} - b_i)]^p} \tag{2.31}$$

式中，p 为距离参数；$p=1$ 为海明距离；$p=2$ 为欧几里得距离。

3. 建立优选模型，求出各方案的相对优属度

模糊集合论中隶属度可以定义为权重，故把 u_j 作为与优距离的权重，把 u'_j 作为与劣距离的权重，为了更完善的描述决策 j 与优等决策和劣等决策之间的差异，在广义权距离前分别乘以权重 u_j 和 u'_j 得到优、劣广义权距离为

$$D_{jg} = u_j d_{jg} = u_j \sqrt[p]{\sum_{i=1}^{m} [w_i (g_i - r_{ij})]^p} \tag{2.32}$$

$$D_{jb} = u'_j d_{jb} = (1 - u_j) \sqrt[p]{\sum_{i=1}^{m} [w_i (r_{ij} - b_i)]^p} \tag{2.33}$$

为求解决策 j 以相对隶属度 u_j 的最优值，建立优化准则：方案 j 的距优加权广义距离和距劣加权广义权距离平方和为最小，即目标函数为

$$\min F(u_j) = (D_{jg}^2 + D_{jb}^2) \tag{2.34}$$

求该目标函数的导数，令其为零，则解得

$$u_j = \frac{1}{1 + \left[\dfrac{\sum_{i=1}^{m} [w_i (g_i - r_{ij})]^p}{\sum_{i=1}^{m} [w_i (r_{ij} - b_i)]^p} \right]^{\frac{2}{p}}} \quad (j = 1, 2, \cdots, n) \tag{2.35}$$

式中，w_i 为因素 i 的权重。

μ_j 越接近于 1，方案的相对优属度越高。依次求出各方案的相对优属度 μ_j，根据 μ_j 的大小，由大到小对方案进行排序，μ_j 值最大的方案为相对最优方案（傅鹤林等，2006）。

（二）寺河段路径模糊优化

根据前述分析，确定特高压采空区输电线路路径选取影响因素包括：①输电线路路径总长度；②杆塔总数量；③转角次数；④位于采空区边缘输电杆塔的数量；⑤采空区地基不稳定输电杆塔数量；⑥交通运输及施工、运行维护难易程度。

山西晋城特高压线路寺河段路径方案为两条：方案 1，杆塔 CK20～N166；方案 2，杆塔 N179～N166，路径优化评价见表 2.12。

表 2.12　路径优化评价表

影响因素	方案 1（原路径）	方案 2（优化）
路径总长度	6.2	5.6

续表

影响因素	方案1（原路径）	方案2（优化）
杆塔总数量	16	14
转角次数	5	4
位于采空区边缘输电杆塔的数量	2	2
采空区地基不稳定电杆塔数量	8	5
交通运输及施工、运行维护难易程度	良	中等

各影响因素构成因素集，根据层次分析法确定各影响因素权重如下：

$$\boldsymbol{X}=\begin{bmatrix}6.2 & 5.6\\16 & 14\\5 & 4\\2 & 2\\8 & 5\\0.8 & 0.6\end{bmatrix} \tag{2.36}$$

前五项影响因素采取越小越优性优属度计算公式，后一项采用越大越优性优属度计算公式，经计算得到如下模糊矩阵：

$$\boldsymbol{X}=\begin{bmatrix}0.4745 & 0.5255\\0.4666 & 0.5334\\0.4444 & 0.5556\\0.5 & 0.5\\0.3846 & 0.6154\\0.5714 & 0.4286\end{bmatrix} \tag{2.37}$$

根据层次分析法得出各影响因素权重如下：

$$W=[0.1299,\ 0.2615,\ 0.3360,\ 0.1698,\ 0.0645,\ 0.0384] \tag{2.38}$$

利用式（2.35），式中$p=1$，计算以海明距离表示的模糊优选模型，计算结果为$u_1=0.4295$、$u_2=0.5665$，即第二个方案为优选方案。

三、研究区输电线路路径及塔位优化结果

受采动影响较大的路径可分为四段，即山西晋城川底乡段和南岭乡段、河南刘庄段和大郭沟段。基于线路优化原则，结合现场收集资料分析及进行的地球物理勘探工作，根据线路路径模糊优化计算结果，确定川底乡段的优化路径成立，而南岭乡段由于地方协议问题，优化路径不能实施，刘庄段及大郭沟段采用原审定路径，仅对塔位进行了优化，具体情况如下。

（一）川底乡段线路路径优化

川底乡段原审定路径长度约6.2km，初步确定塔位16级，其中转角塔位5级，直线

塔位 11 级。初步设计时大部分塔位位于“安全岛”、孤立煤柱上，不仅增加了线路投入，而且存在极大的安全隐患。对此，线路进行了局部优化调整，根据现场的协议情况及地面的控制测量，对优化路径进行了实地的定位。

川底乡段优化路径长度约 5.6km，实地确定塔位 14 级，其中转角塔 4 级，直线塔 10 级（表 2.13）。图 2.5 为优化路径、原线路路径对比图。

表 2.13　原路径方案与优化路径对比表

项目	路径 1	路径 2（优化路径）
线路路径塔位编号	CK20～N166（CK34）	N179（A10）～N166（CK34）
路径长度/km	6.2	5.6
输电杆塔数量	5 个转角塔，11 个直线塔	4 个转角塔，10 个直线塔
优化效果	路径长度节省 0.6 km，节省 1 个转角塔，1 个直线塔	

（1）优化路径方案节省路径长度 0.6km，节省 1 个转角塔和 1 个直线塔。

（2）优化路径和审定路径下方采空区形成时间大体相当，古采空区部分距距线路规划时大约 70 年，现代采空区采空时间多在几个月至三年不等，沉降未完成；两个方案均有 1 个塔位于开采时间距线路规划时有 10 年的采空区，沉降基本完成。

（3）原路径大多数塔位靠近村庄，最近距离约 20m，将来涉及拆迁费用；优化路径塔位均远离村庄，不存在拆迁问题。

（4）原路径选定的多数塔位靠近村庄，位于采空区边缘地带，从开采沉陷理论上讲，边缘地带属沉陷变形较剧烈地段，地表倾斜变形较大，而优化路径选取的塔位则靠近采空区中心地带，以垂直变形为主。

（二）河南刘庄段输电杆塔塔位优化

河南刘庄段输电杆塔塔位的局部优化，涉及塔位 6 个，比原来增加一级输电杆塔。

（1）将 MG4 塔位向 MG5 方向移 120m，即向南移到水渠南侧约 50m 处，使得该塔位下不存在压煤问题。

（2）经过地球物理勘探和收集钻孔实际验证，将原塔位 MG3 向南移大约 180m 移至薄煤层带上，薄煤层带外侧存在较厚的煤层，北距开采规划巷道 200m。由于受 MG3 的南移和 MG1 处地形的影响，中间增加一级塔 MG2。

图 2.6 为刘庄段塔位优化对比图。

（三）河南大郭沟段输电杆塔塔位优化

该段进行了塔位的局部优化，原设计路径涉及塔位 4 个（CK141～CK144），通过现场定位与分析实际收集资料情况，对塔位进行了优化，由原来的 4 级塔变为优化后的 3 级塔（JA88、JA88′、JA89），且有一级塔（JA89）位于无煤区，地基及基础可以不做任何处理。

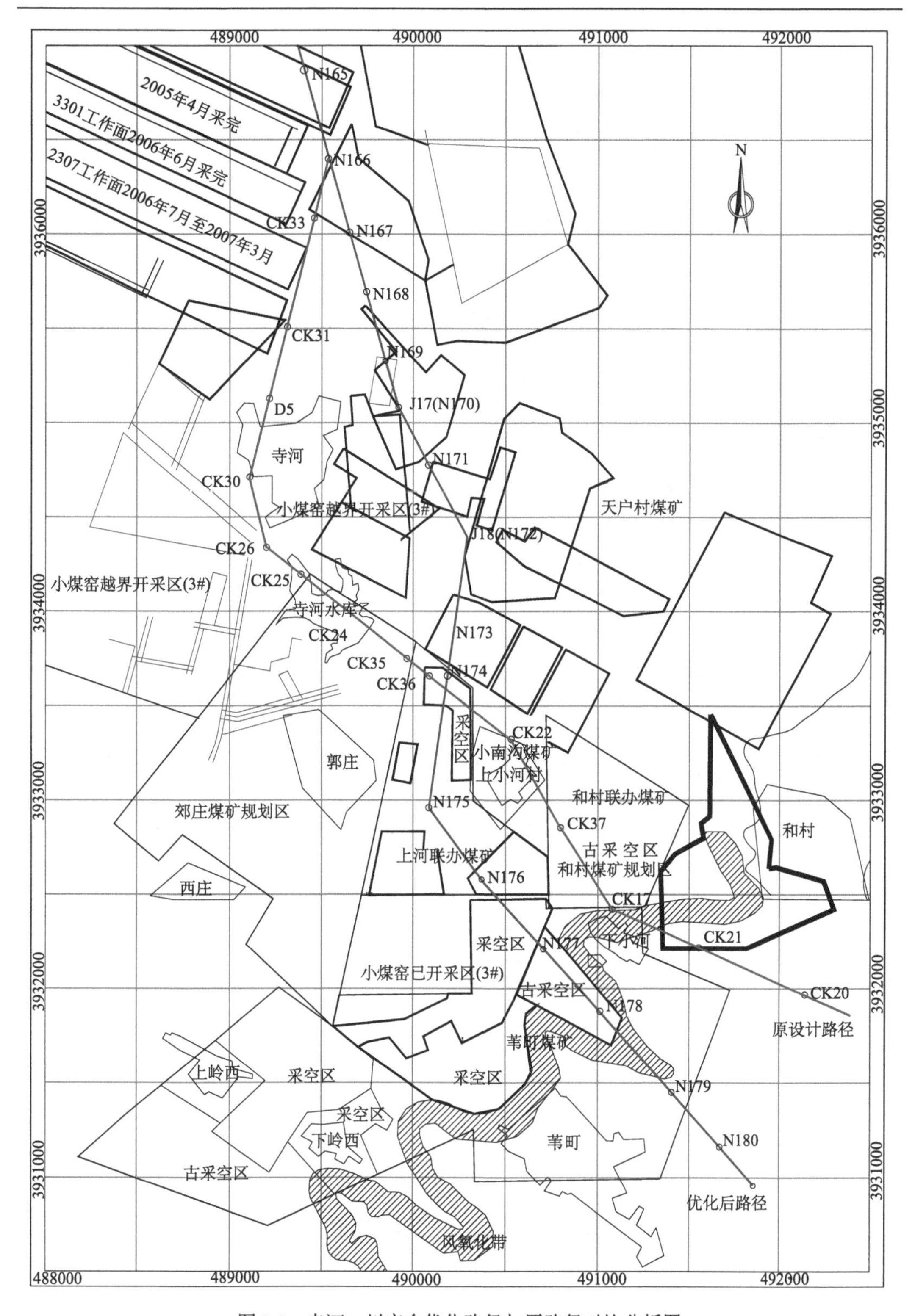

图 2.5 寺河、川底乡优化路径与原路径对比分析图

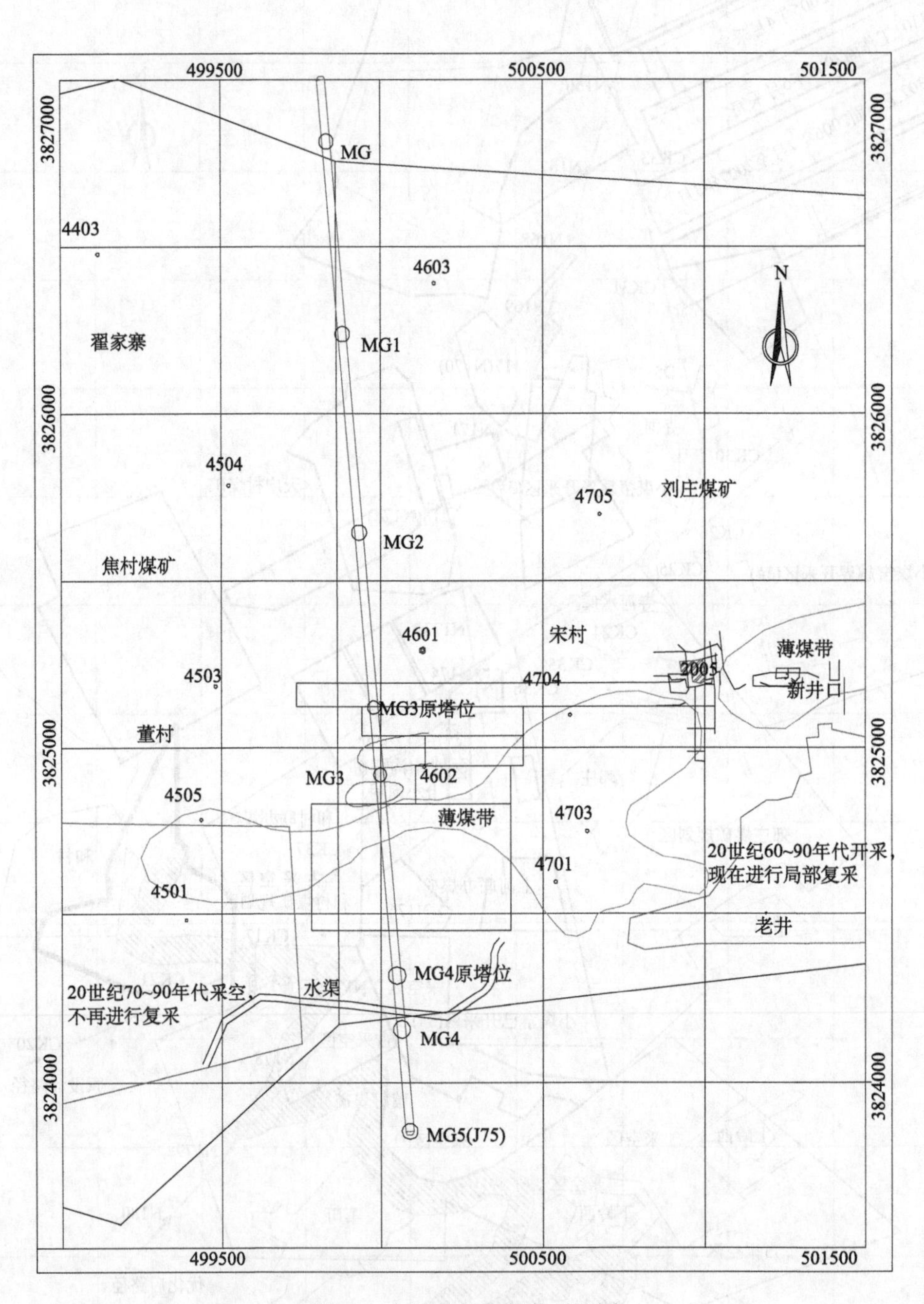

图 2.6　刘庄段塔位优化对比图

图 2.7 为大郭沟断层带塔位优化前后线路路径及塔位对比图。

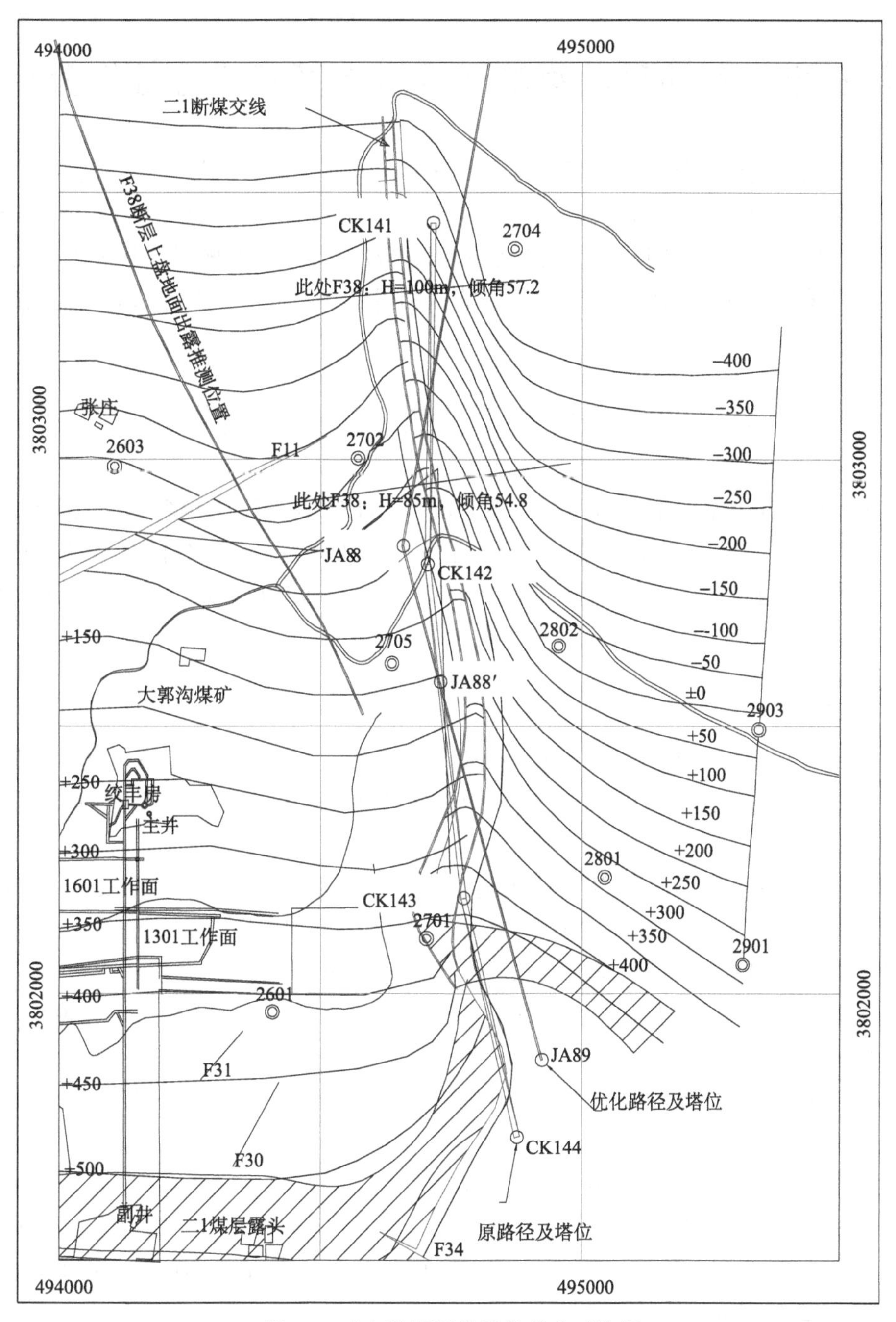

图 2.7　大郭沟断层带塔位优化对比图

通过对钻探、测绘及物探资料的综合分析，对规划阶段的特高压线路路径、塔位进行了优化，优化路径与原路径相比节省了工程投资，减少了采空区沉陷变形对杆塔地基稳定性的影响。

第三章　多种采动影响区杆塔地基稳定性数值分析

多种采动影响区包括老采空区、现采空区和未来采空区（规划区）等几种类型，考虑到老采空区形成时间较长，沉陷已基本稳定，本书选取了3号煤层老采空区下部9号煤层复采、规划区的3号煤层开采以及河南段大郭沟F38断层两侧煤层开采为研究对象，分析煤层开采对上部杆塔地基稳定性的影响，利用FLAC数值模拟方法对上述问题分别进行了探讨。

第一节　采空区下伏煤层复采影响分析

寺河沿线特高压输电杆塔J19＋1（N176）、N177等下部3号煤已经被采空，3号煤层下部有9号、15号煤层未采，如果复采9号或15号煤层，对杆塔稳定性的影响有多大，针对此问题，选取了N177杆塔基础下部复采9号煤层的情况进行数值模拟（Zhang et al.，2008）。

一、模型建立

本次模拟是在3号煤已经被开采的情况下，研究下伏9号煤层开采对地面杆塔地基稳定性造成的影响。该模型以N177塔位为研究对象，N177附近煤层赋存情况与开采状况资料如下。

N177杆塔塔位位于苇町煤矿3号煤层古采空区北端，距西开采边界45m，距东北边界90m，3号煤层采深约71m，回采率小于40%，9号、15号煤层未开采，9号煤层厚1.6m左右，埋深138m；15号煤层厚2.6m，埋深165m。

基本地质条件为：地处山间黄土地貌，第四系覆盖层为黄土状粉土，厚度约15m，其下为砂岩。

本章以N177塔基附近相关地质调查资料为依据，建立基于FLAC3D程序的三维计算模型。

模型选取工作面走向为X方向，开切眼方向为Y方向，定义竖直向上为Z方向，为了更加真实地反映出围岩环境，向工作面走向、开切眼方向和9号煤层以下各有所延伸，模型沿工作面走向方向300m，模型沿开切眼方向300m。模型上部边界到地面，模型下部边界取为$Z=-200$m。

三维模型形成了尺寸为300m×300m×200m的计算模型，共划分为24000个六面体网格，26896个结点。开采工作面宽度按200m考虑。N177号塔基中心位于模型地表（$Z=0$m）的正中心，即X=150m，Y=150m，$Z=0$m处。采煤工作面开切眼位于$X=50$m处。计算总体模型如图3.1所示。

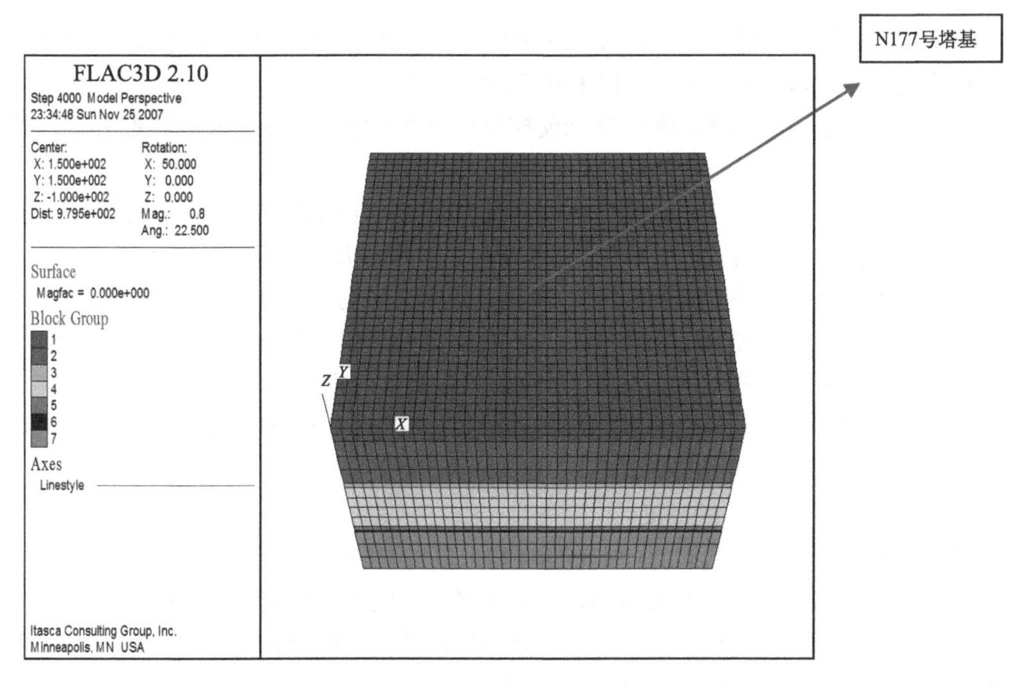

图 3.1　9 号煤层复采模型网格图

对模型的各个面（除表面外）设置该面法向的约束。对底面（Z 面）的岩体设置竖向约束（U_Z=0），前后两个面（X 面）设置横向约束（U_Y=0），左右两个面（Y 面）设置纵向约束（U_X=0）。

根据现场地质调查、煤岩力学实验研究结果和相关资料对比，最终确定的模拟计算岩土参数见表 3. 1。

表 3.1　岩层物理力学参数表

岩土名称	天然密度ρ /（kg/m^3）	弹性模量 E /MPa	黏聚力 C /MPa	内摩擦角φ /（°）	泊松比μ	抗拉强度σ_t /MPa
黄土	1420	15.9	0.3	16.3	0.35	0.08
砂岩	2570	9868	1.56	38	0.23	0.50
3 号煤	1520	605	0.61	29.6	0.30	0.39
中砂岩	2730	5000	1.08	34.5	0.36	0.52
9 号煤	1700	650	0.6	29	0.30	0.38
中砂岩	2740	11000	2.7	35	0.26	0.51

二、模拟分析过程

本次模拟是在 3 号煤已经被开采的情况下，研究 9 号煤开采对输电杆塔造成的影响。具体模拟过程如下。

（1）首先建立原始地层模型，施加位移约束边界条件，在初始应力条件下进行迭代计算使系统达到初始应力平衡，模拟未开挖前的状态；

（2）对 3 号煤进行开挖模拟，迭代使模型达到平衡稳定状态，然后将模型的位移清零，模拟 3 号煤已经开挖而 9 号煤层未开挖前的状态；

（3）对 N177 号塔基下单一工作面进行分步开挖，迭代使模型达到平衡稳定状态，监测 N177 号塔基中心和四个角点的位移，研究 9 号煤层开采对杆塔基础的影响。

由于有限差分数值模拟软件 FLAC3D 是以连续介质为前提进行计算的，而岩层的垮塌是以不连续介质的形式进行冒落，这样，在模拟计算过程中，就需要应用适于连续介质的有限差分程序，来模拟非连续介质的采煤顶板冒落问题。

本书在采空区顶板覆岩的冒落模拟计算过程中，是通过对冒落裂隙带的物理力学参数的弱化来解决上述问题的。

（1）冒落带、裂隙带的高度。

冒落的高度主要取决于采出岩体的厚度和上覆岩石的碎胀系数，通常为采出厚度的 3～5 倍。薄矿体开采时冒落高度较小，一般为采出厚度的 1.7 倍左右。顶板岩石坚硬，冒落带高度为采出厚度的 5～6 倍；顶板为软岩时，冒落带的高度为采出厚度的 2～4 倍，实践中可以用公式（3.1）近似估算冒落带的高度。

$$H_{\mathrm{m}} = \frac{M}{(k-1)\cos\alpha} \tag{3.1}$$

式中，M 为煤层采厚，m；k 为冒落岩石碎胀系数；α 为煤层倾角，(°)。

（2）冒落带、裂隙带的物理力学参数。

根据工程类比数据（蔡美峰，2002），在数值模拟计算中，冒落带、裂隙带的弹性模量、抗剪强度、内摩擦角的取值与原岩体强度的关系见表 3. 2。

表 3.2 影响带计算参数与原岩力学参数对比表

影响带	弹性模量	抗剪强度	内摩擦角
冒落带	1/100	1/10000	1/100
裂隙带	1/50	1/1000	1/10

综上所述，通过经验公式计算，3 号煤冒落带高度取 18m，裂隙带高度取 3 号煤上覆岩体，为 36m；9 号煤冒落带高度取 6m，裂隙带高度取 28m。

三、模拟结果分析

计算中模拟了采掘工作面的逐步推进过程，图 3.2～图 3.8 分别为工作面推进 30m、60m、90m、120m、150m、180m、195m 时的地表沉降云图。

模拟计算中在 N177 杆塔正方向基础的四角设置了四个观测点，记录工作面推进不同距离情况下的沉降变形值，绘制出采掘工作面推进方向与杆塔基础倾斜的关系曲线。

图 3.9 为开采过程中杆塔基础中心沉降与工作面距杆塔之间距离的相关关系曲线。

由图 3.9 可知，工作面开采完成后，杆塔基础中心最大沉降约为 1150mm，下沉系数为 0.72。图 3. 10 为采掘工作面推进距离与杆塔基础倾斜关系曲线。

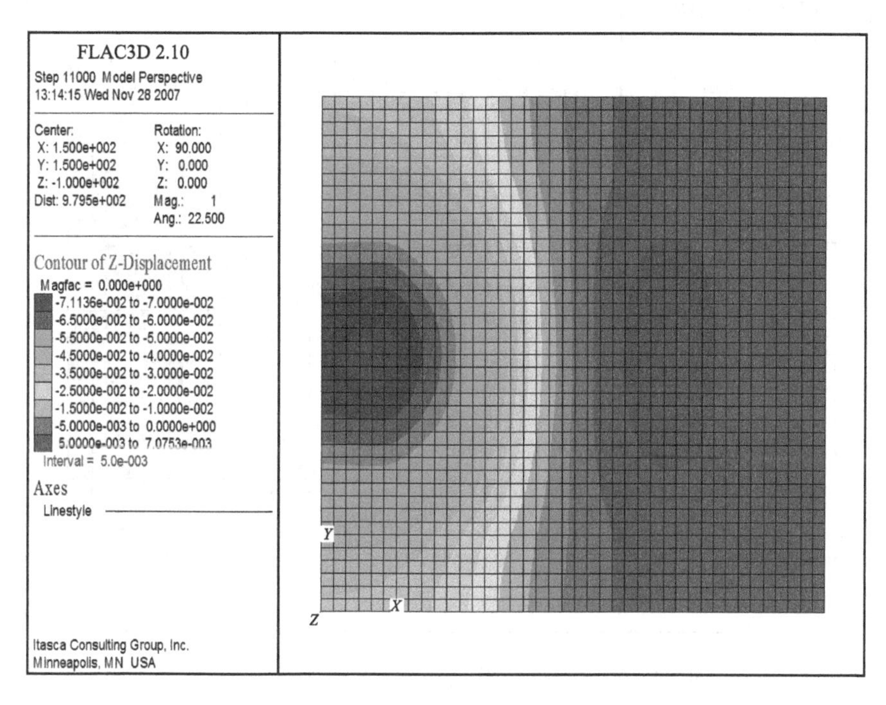

图 3.2　9 号煤开挖工作面推进 30m 时地表沉降云图

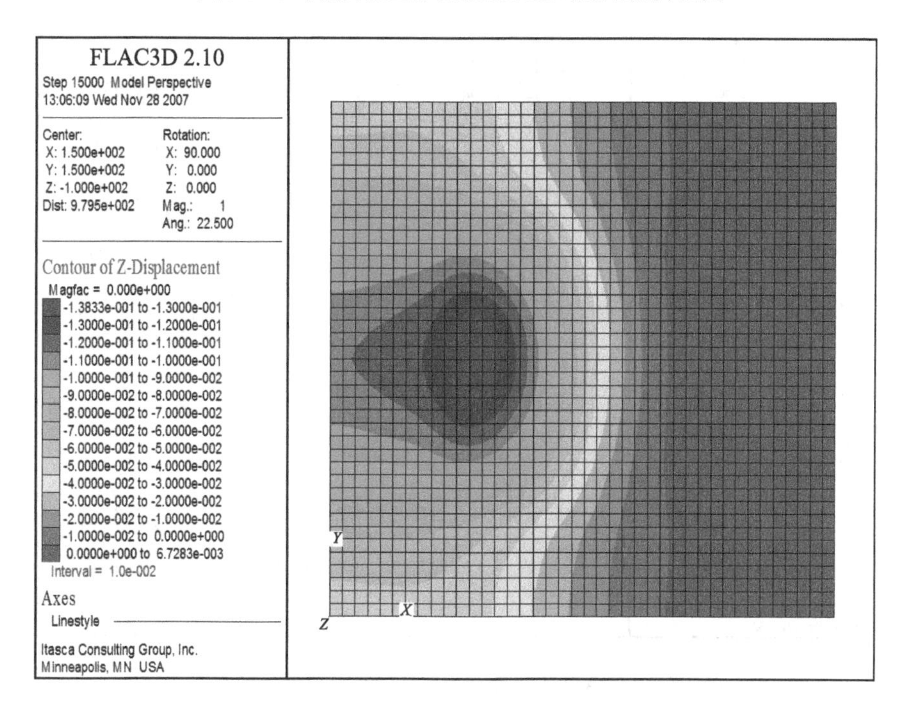

图 3.3　9 号煤开挖工作面推进 60m 时地表沉降云图

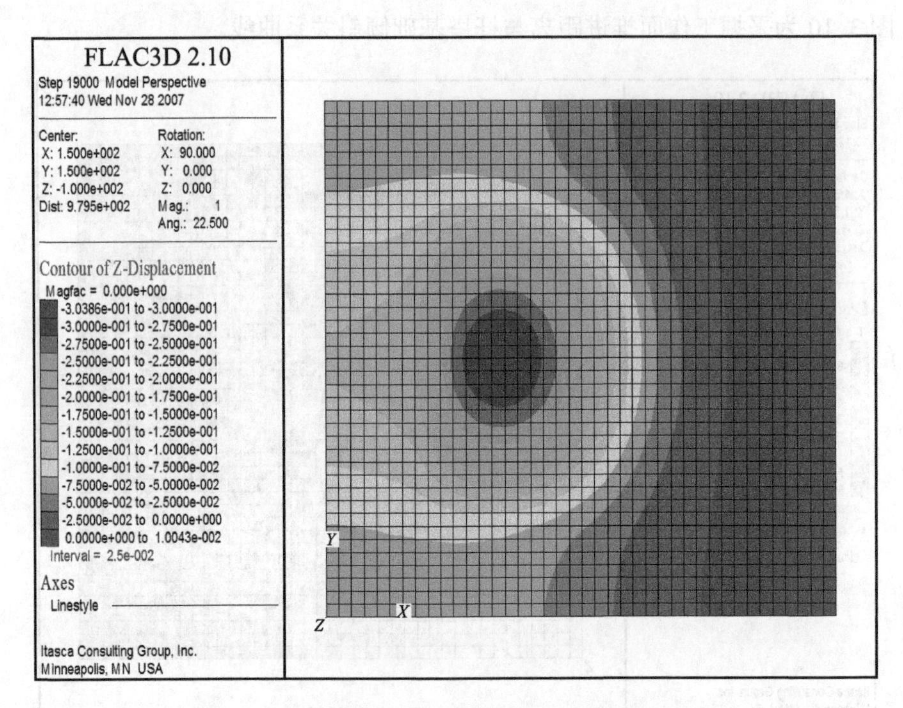

图 3.4　9 号煤开挖工作面推进 90m 时地表沉降云图

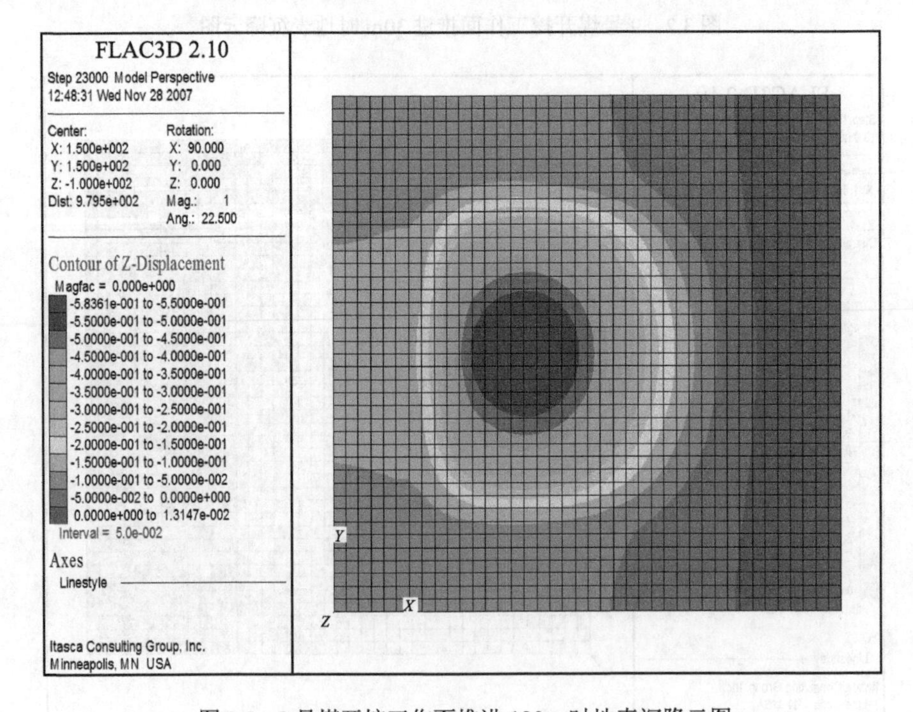

图 3.5　9 号煤开挖工作面推进 120m 时地表沉降云图

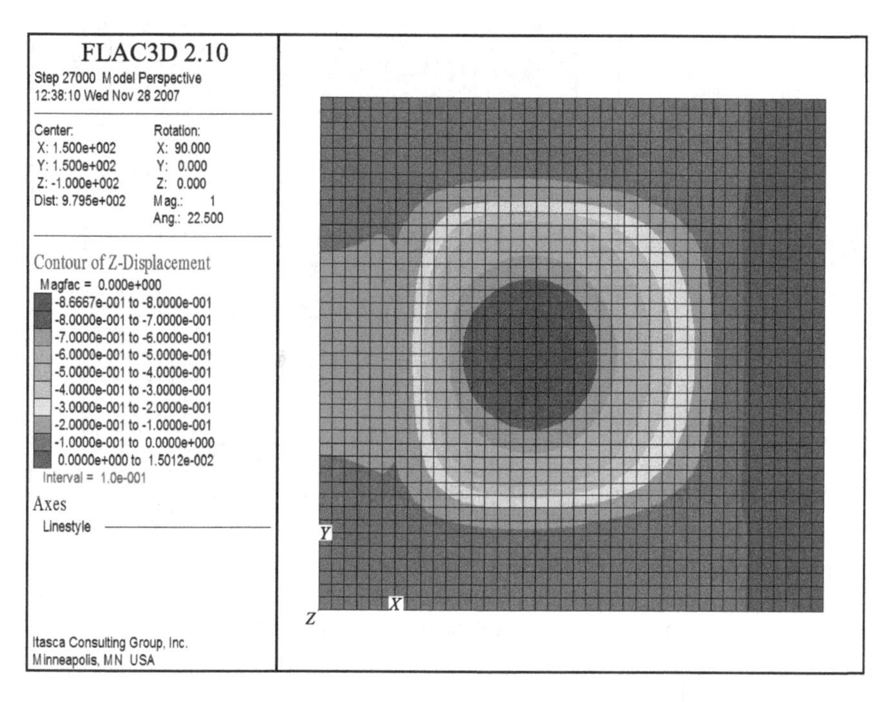

图 3.6　9 号煤开挖工作面推进 150m 时地表沉降云图

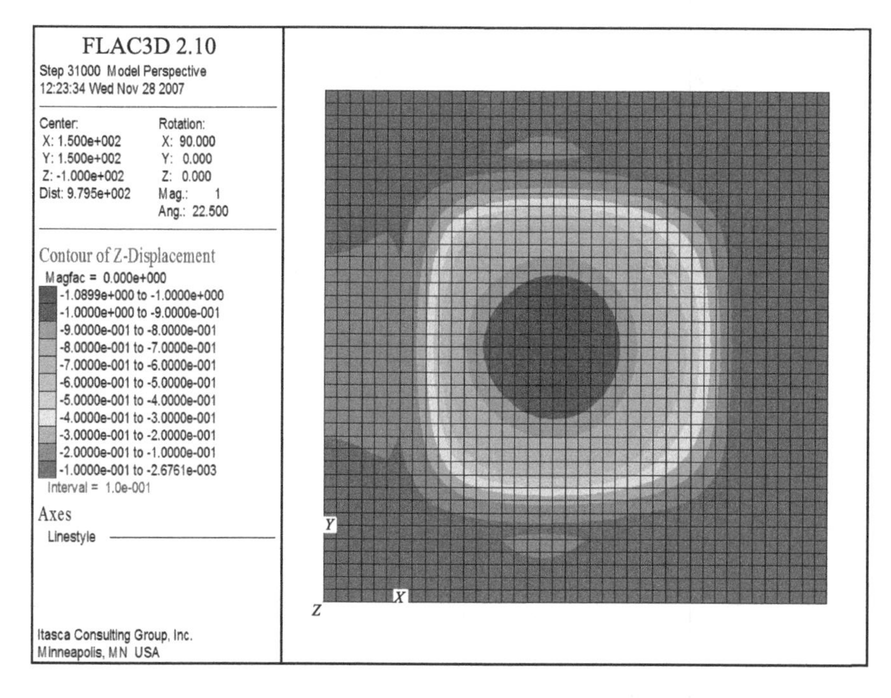

图 3.7　9 号煤开挖工作面推进 180m 时地表沉降云图

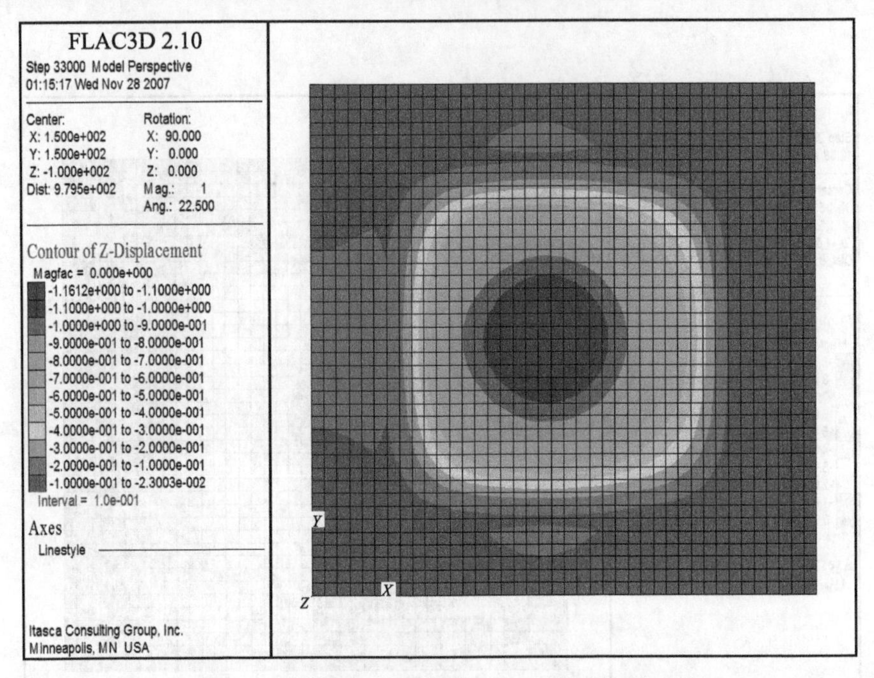

图 3.8　9 号煤层工作面推进 195m 时地表沉降云图

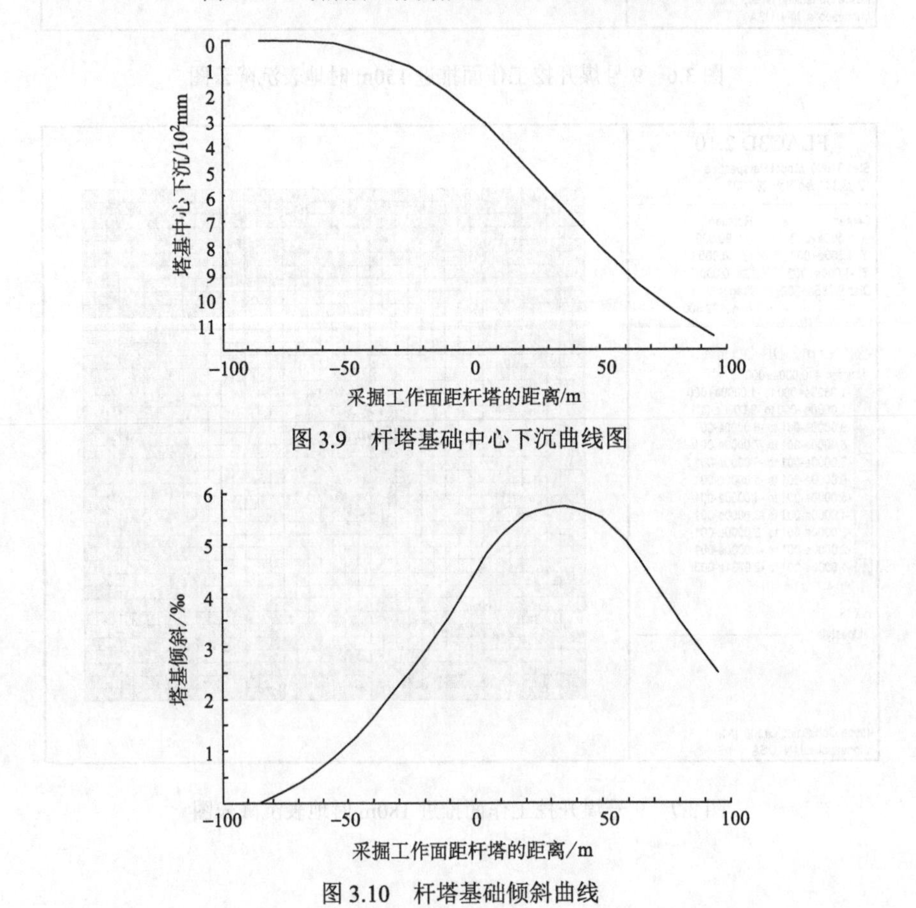

图 3.9　杆塔基础中心下沉曲线图

图 3.10　杆塔基础倾斜曲线

由图 3. 10 可以看出，工作面开挖到距塔基 50m 左右时，倾斜率为 0.7‰，开挖到距塔基 10m 左右时，倾斜率为 3.6‰。基础最大倾斜出现在工作面推进越过杆塔基础约 35m 处，杆塔倾斜率为 5.7‰。所以，在 3 号煤层采空区稳定的情况下，复采下部 9 号煤层将对上部杆塔基础造成较大威胁。

第二节　规划采空区杆塔地基稳定性计算分析

一、模型的建立

N165 输电杆塔位于山西晋城寺河矿规划区 3303 工作面上部，为直线塔，3303 工作面以及 N165 塔位布置如图 3.11 所示。

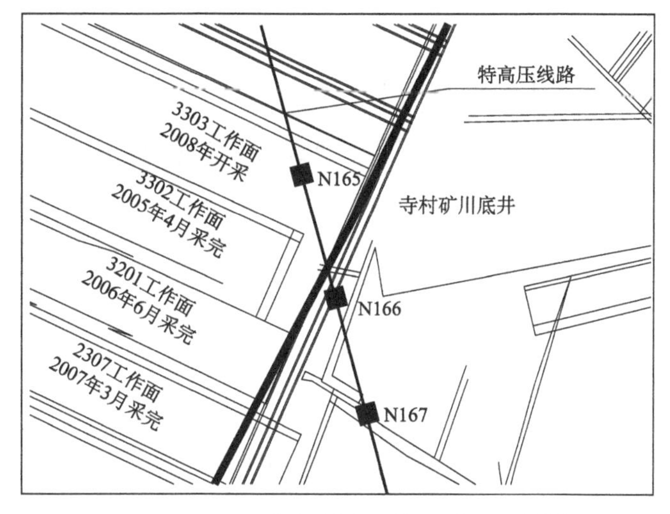

图 3.11　N165 塔位及煤层开采工作面布置图

3301 工作面 2006 年 6 月已经采完；3302 工作面 2005 年 4 月已经采完；3303 工作面规划布置已经完成，预计 2008 年开采。1000kV 特高压线路与 3303、3302、3301 工作面斜交，线路布置方向与工作面推进方向所成角度约为 45°（图 3.12）。

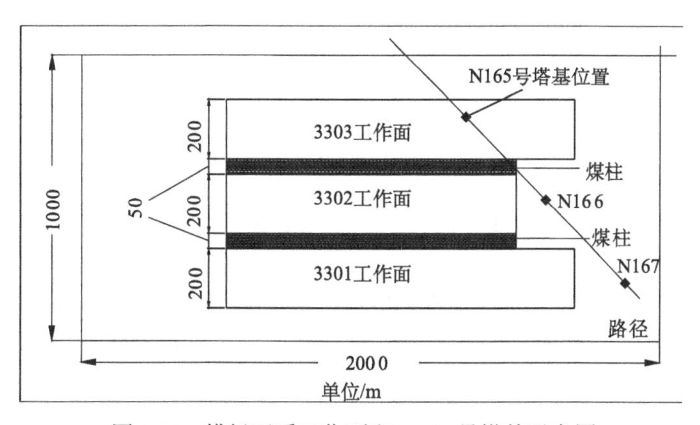

图 3.12　模拟开采工作面和 N165 号塔基示意图

杆塔基础形式暂按大板基础考虑，基础底面积约为 16m×16m。杆塔基础下部拟开采的 3 号煤层顶板埋深约 450m，煤层平均采厚 6m，回采率超过 80%，长壁综采放顶式开采。地面标高为 900～1100m，地形坡度约为 10%，地势主要为山地。

模型选取 3301、3302、3303 等工作面走向为 X 方向，开切眼方向为 Y 方向，定义竖直向上为 Z 方向，建立模型。模型包括 3301、3302、3303 工作面和 N165 号塔基，模型沿工作面走向方向 2000m、沿开切眼方向 1000m。模型上部边界到地面，模型下部边界根据底板导水破坏深度的经验公式确定，取 3 号煤层底板下部 150m，形成 2000m×1000m×600m 的 FLAC3D 三维网格剖分计算模型，共划分为 19022 个六面体网格，15549 个结点。杆塔基础中心坐标为（1310，760，1070）。开采工作面宽度按 200m 考虑，工作面之间煤柱按 50m 考虑。三个工作面开切点取 X=500m。模型如图 3.13、图 3.14 所示（张勇等，2009）。

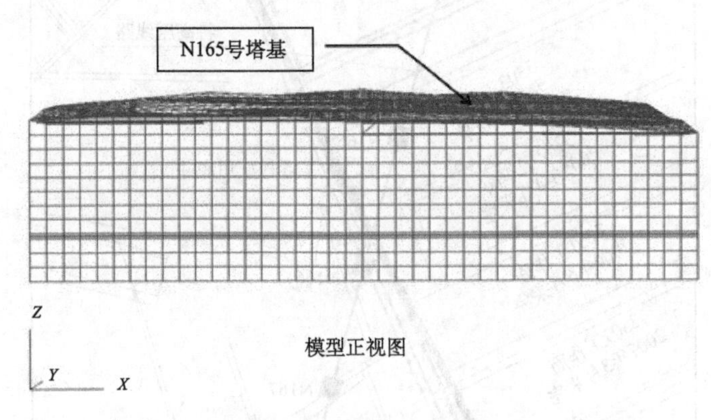

图 3.13　三维模型计算正视图

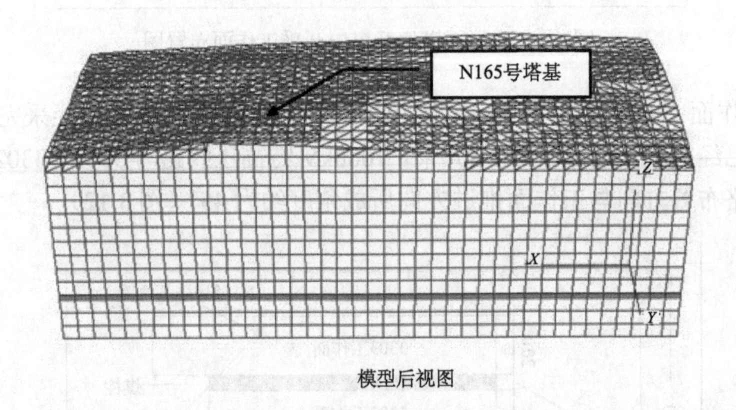

图 3.14　三维数值计算模型图

对模型的各个面（除了表面外）设置该面法向的约束。对底面（Z 面）的岩体设置竖向约束（U_Z=0），前后两个面（X 面）设置横向约束（U_Y=0），左右两个面（Y 面）设置纵向约束（U_X=0）。

二、计算参数的选择

根据现场地质调查、煤岩力学实验研究结果和相关资料对比，最终确定的模拟计算岩土参数见表 3. 3。

表 3. 3　岩层物理力学参数表

岩土名称	天然密度 ρ /（kg/m³）	弹性模量 E /MPa	黏聚力 c /MPa	内摩擦角 φ /（°）	泊松比 μ	抗拉强度 σ_t /MPa
黄土	1420	10.9	0.3	16.3	0.35	0.08
泥岩	2470	3622	0.66	29.9	0.26	0.18
细砂岩	2730	8025	1.4	34	0.23	0.43
中砂岩	2750	8470	1.26	32	0.24	0.34
砂质泥岩	2570	8475	1.24	30	0.22	0.25
砂岩	2570	9868	1.56	38	0.23	0.50
3 号煤层	1520	605	0.61	29.6	0.30	0.39
中粗砂岩	2730	5000	1.08	34.5	0.36	0.52
砂质泥岩	2700	7800	1.45	33.2	0.22	0.35
粗砂岩	2740	11000	2.7	35	0.26	0.51

1. 冒落带、裂隙带的高度

利用式（3.1）近似估算冒落带的高度，寺河矿区上覆岩性主要为中硬的砂岩、泥岩等，裂隙带高度可按 16 倍采高确定。冒落带高度取 18m，裂隙带高度取 96m。

2. 冒落带、裂隙带的物理力学参数

根据工程类比数据（蔡美峰，2002），在计算中，冒落带、裂隙带的弹性模量分别取原岩弹性模量的 1/80 和 1/20；冒落带、裂隙带的抗剪强度分别取原岩抗剪强度的 1/10000 和 1/1000；冒落带、裂隙带的内摩擦角分别取原岩内摩擦角的 1/100 和 1/10（表 3. 4）。

表 3.4　影响带计算参数与原岩力学参数对比表

影响带	弹性模量	抗剪强度	内摩擦角
冒落带	1/100	1/10000	1/100
裂隙带	1/20	1/1000	1/10

三、工作面开采模拟

本书采用 FLAC3D 进行数值分析，在计算中通过监测不平衡力比率值的大小来确定计算是否达到静力状态。显示差分求解中，所有的矢量参数（力、速度及位移）都存储

在网格节点上，所有的标量及张量（应力及材料特性）存储在单元的中心位置，首先通过运动方程由应力及外力可以求出节点的速度及位移，由空间导数从而得出单元的应变率，借助于材料的应力-应变关系，由单元应变率可以获得单元新的应力。

本工程模拟过程如下：首先建立地质模型，施加位移约束边界条件，在初始应力条件下进行迭代计算使系统达到初始应力平衡，模拟未开挖前的状态；按照工作面开挖的顺序进行开挖，设置需要跟踪的历史变量（岩层的变形和应力等），迭代使模型达到平衡稳定状态。

模型在自重作用下的稳定过程实际上是模拟地质历史上岩土层沉积固结过程，反映在模型上就是最大不平衡力随着时步的变化过程，当最大不平衡力降到一定范围时，模型便趋于稳定。为了模拟未开挖前的状态，本模型根据建立的原始地层，施加了位移约束边界条件，在初始应力条件下进行计算使系统达到初始应力平衡，在历经 3000 时步后，模型的最大不平衡力趋近 0，此时可认为模型在重力的作用下已经稳定。

根据规划的工作面采掘布置图，工作面开采顺序见表 3.5。按照工作面开采的时间先后顺序进行开挖模拟，以此来研究采掘过程中地表和 N165 塔基的变形移动情况。

表 3.5　采掘工作面模拟步骤

模拟开挖工作面	开挖顺序	开采截至年限
3302	1	2005 年 4 月
3301	2	2006 年 6 月
3303	3	2008 年年底

（一）3302、3301 工作面开采模拟

由于 3302、3301 工作面分别于 2005 年 4 月、2006 年 6 月开挖完毕，距今时间已久，在模拟中没有考虑工作面推进过程，而是做一次性开挖处理。

3302、3301 工作面的开挖造成了地表的沉陷（图 3.15），在地表形成了移动盆地，为了研究开挖引起的地表沉降，计算过程中记录了地表点（即模型顶面节点）的位移变化。沿垂直工作面推进方向中心线（X=1000m 的地表节点）记录地表沉降，并绘制地表沉降曲线（图 3.16）、地表倾斜曲线（图 3.17）。

由图 3.16 可以看出，地表沉降曲线形状类似开口向上的抛物线。煤层开采后，采空区中央上方处（约 Y=500m）的地表下沉值最大，达到了 2.16m。离采空区中央的距离越大，地表下沉值越小，到盆地边界处，地表的下沉值趋近零。下沉曲线大致以采空区中央对称。

由图 3.17 可以得到地表移动盆地内倾斜的变化规律：盆地边界至拐点间倾斜逐渐增加，拐点至最大下沉点间倾斜逐渐减小，在最大下沉点处倾斜为零。在拐点附近处倾斜最大，有两个相反的最大倾斜值（Y=400m 处最大倾斜值为 4mm/m；Y=650m 处最大倾斜值为 3.7mm/m），倾斜曲线以采空区中央反对称。

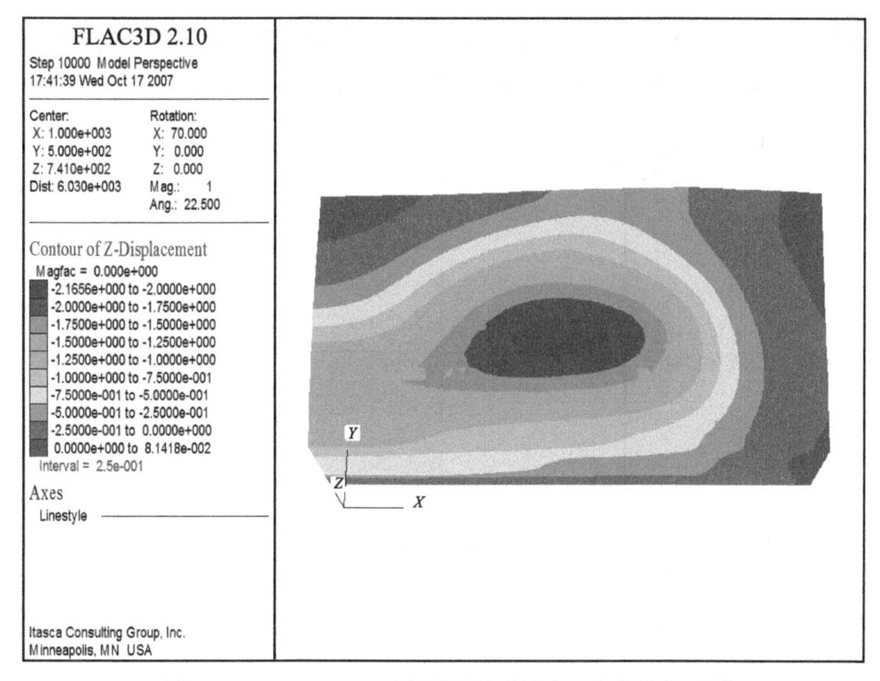

图 3.15　3302、3301 工作面开挖后地表 *Z* 向位移场云图

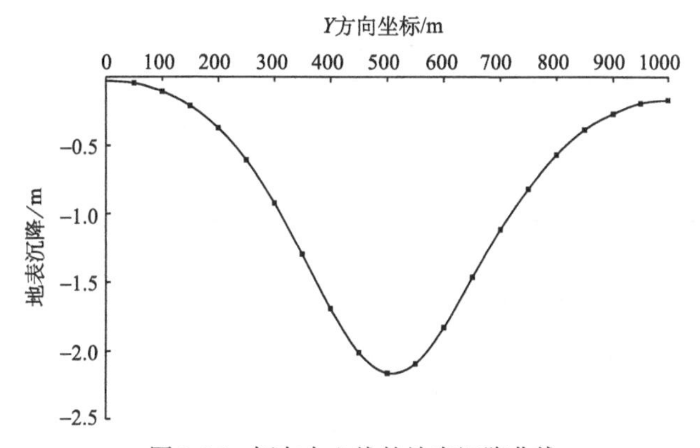

图 3.16　倾向中心线的地表沉降曲线

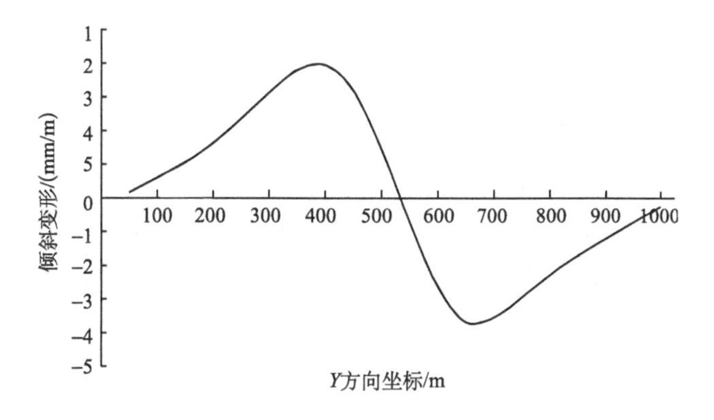

图 3.17　倾向中心线的地表倾斜曲线

为了研究 3302、3301 工作面开采后 N165 号塔基的下沉、倾斜等指标，由 FLAC3D 数值模拟结果，提取 N165 号塔基附近的节点沉降（图 3.18）。

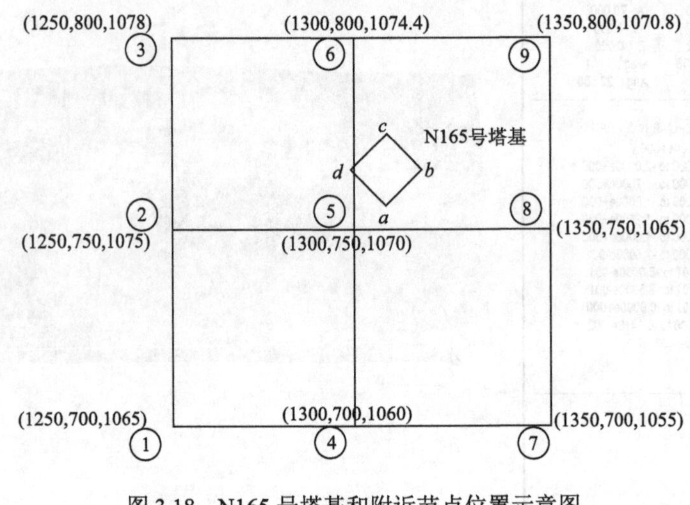

图 3.18　N165 号塔基和附近节点位置示意图

3302、3301 工作面开采完成后可以得出图 3.18 节点的沉降值，见表 3. 6。

表 3. 6　N165 号塔基附近节点沉降量

节点号	1	2	3	4	5	6	7	8	9
沉降量/mm	884.4	721.6	584.7	804.3	648.9	522.2	716.8	572.4	458.4

由数据内插得到 N165 号塔基的四个角点和中心点的沉降：*a* 点沉降 621.2mm，*b* 点沉降 581.8mm，*c* 点沉降 571.5mm，*d* 点沉降 610.9 mm，中心点沉降 596.3mm。

由四个角点 *a*、*b*、*c*、*d* 的沉降值，可得到 N165 号塔基沿线路横向的倾斜为 2.6mm/m，沿线路纵向的倾斜为 0.7mm/m，其总倾斜为 2.7mm/m。

上述数据为 N165 输电杆塔未建设前，拟建塔基部位已经形成的沉降。

（二）3303 工作面开挖模拟

本节重点研究 3303 工作面的开挖对 N165 号塔基造成的影响，3303 工作面预计将在一年后开挖，在模拟中采用的是分步开挖，并在计算中记录塔基周围地表的沉降、位移，以此研究 3303 工作面的推进对 N165 号塔基造成的沉降和倾斜变形的影响。

图 3.19～图 3.21 分别为 3303 采掘工作面推进时地表 *X*、*Y* 方向位移及地表沉降云图。

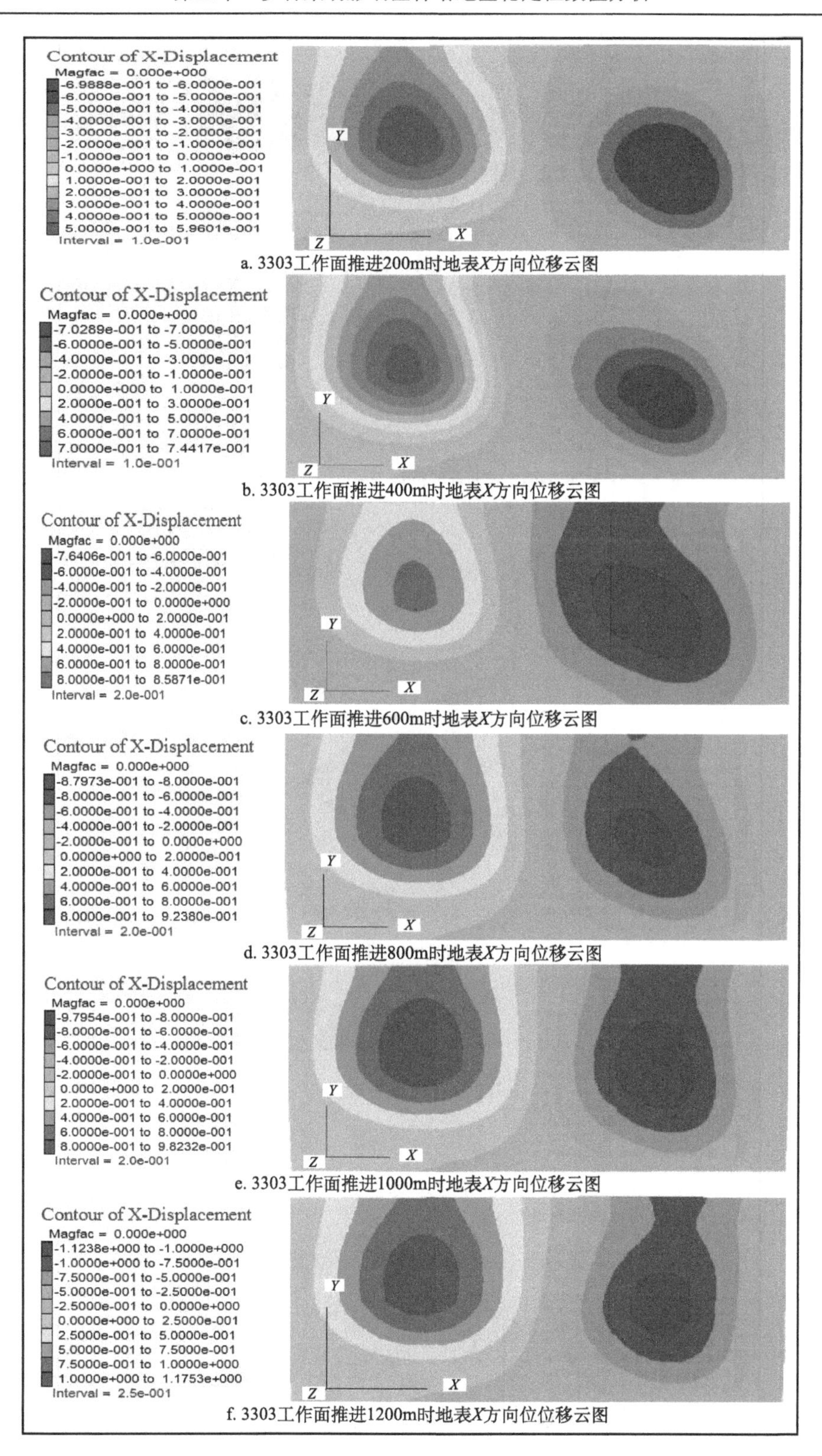

a. 3303工作面推进200m时地表*X*方向位移云图

b. 3303工作面推进400m时地表*X*方向位移云图

c. 3303工作面推进600m时地表*X*方向位移云图

d. 3303工作面推进800m时地表*X*方向位移云图

e. 3303工作面推进1000m时地表*X*方向位移云图

f. 3303工作面推进1200m时地表*X*方向位位移云图

图 3.19　3303 工作面推进时地表 *X* 方向位移云图

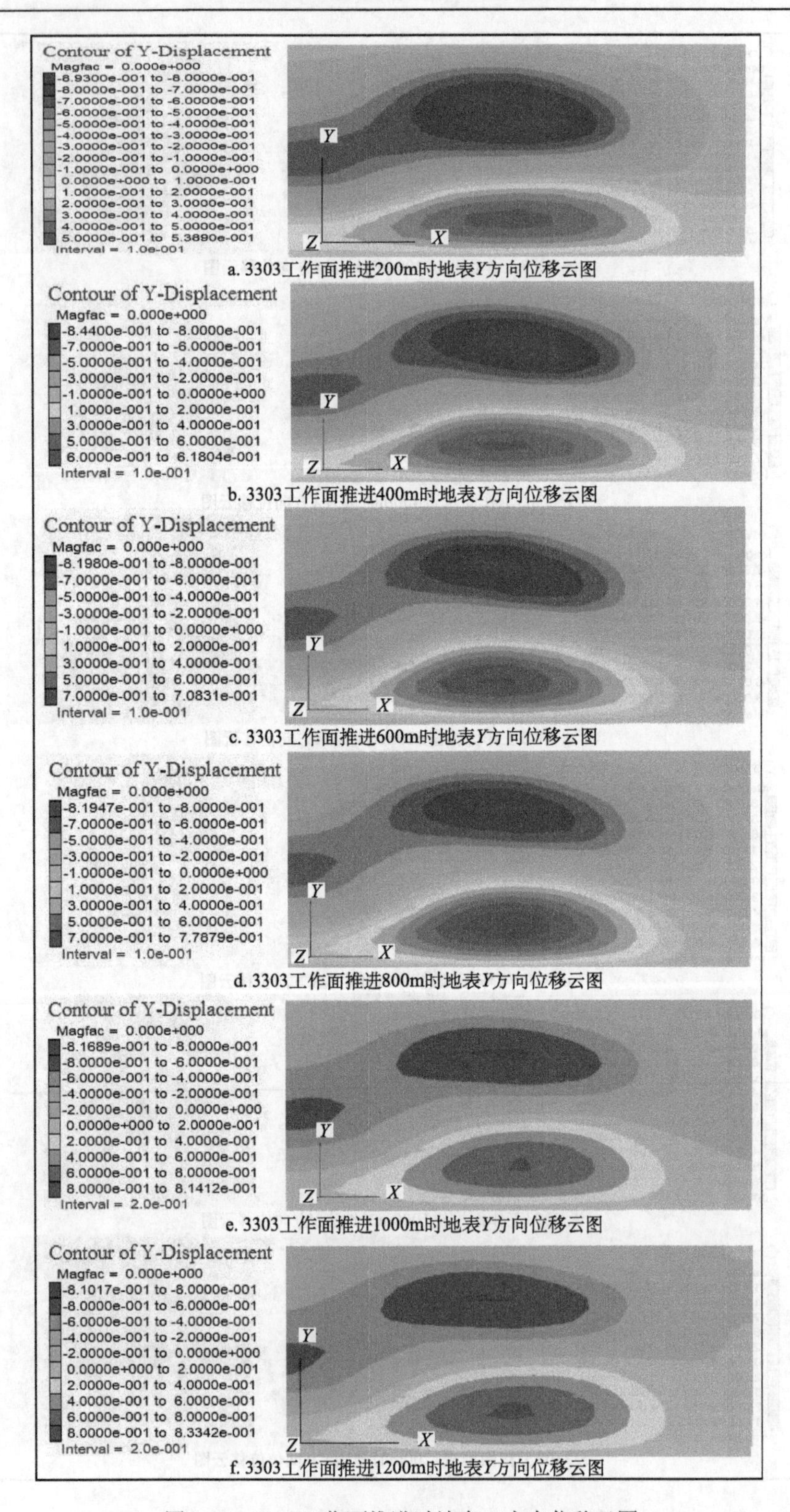

a. 3303工作面推进200m时地表Y方向位移云图

b. 3303工作面推进400m时地表Y方向位移云图

c. 3303工作面推进600m时地表Y方向位移云图

d. 3303工作面推进800m时地表Y方向位移云图

e. 3303工作面推进1000m时地表Y方向位移云图

f. 3303工作面推进1200m时地表Y方向位移云图

图 3.20　3303 工作面推进时地表 Y 方向位移云图

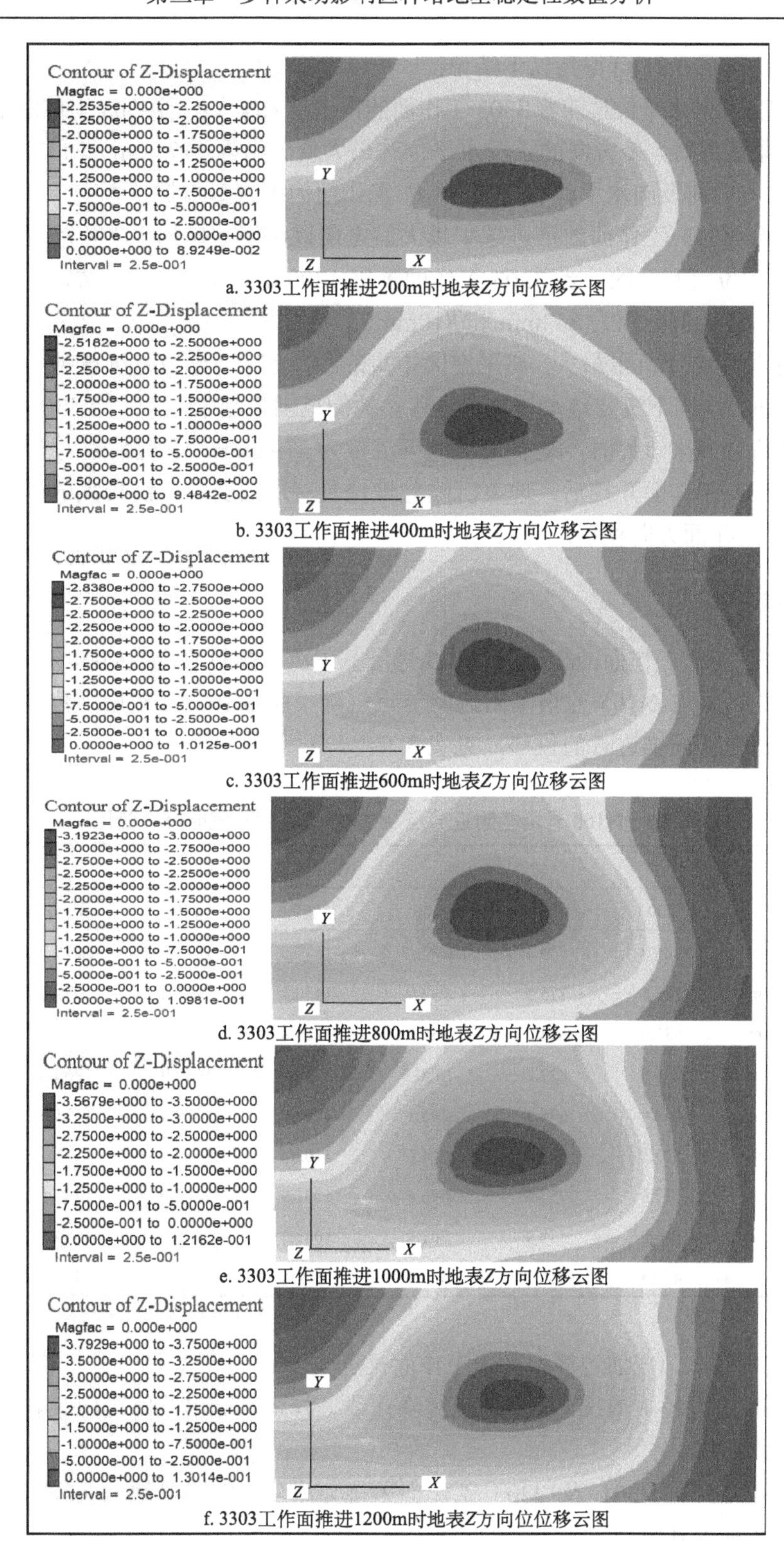

a. 3303工作面推进200m时地表Z方向位移云图

b. 3303工作面推进400m时地表Z方向位移云图

c. 3303工作面推进600m时地表Z方向位移云图

d. 3303工作面推进800m时地表Z方向位移云图

e. 3303工作面推进1000m时地表Z方向位移云图

f. 3303工作面推进1200m时地表Z方向位位移云图

图 3.21　3303 工作面推进时地表沉降云图

由图 3.19～图 3.21 可得到以下结论：

（1）*X* 方向的水平位移随着 3303 工作面的推进越来越大；当 3303 工作面推进 1200m 到达规划开采边界时，*X* 方向的正反水平位移最大值分别为 1175mm 和 1123mm。

（2）*Y* 方向的反向水平位移随着 3303 工作面的推进基本保持不变；*Y* 方向的正向水平位移随着 3303 工作面的推进越来越大。之所以出现这样的水平移动变化趋势是与 3303 工作面的位置有关的，当 3303 工作面推进 1200m 到规划开采边界时，*Y* 方向的正反向水平位移最大值分别为 833mm 和 810mm。

（3）采场中心下沉量最大，离采空区中央的距离越大，地表下沉量越小，随着 3303 工作面的推进，地表下沉量逐渐增加，位移盆地的范围也越来越大；当 3303 工作面推进 1200m 到达规划开采边界时，地表最大的下沉量为 3793mm，下沉系数为 0.63。

（4）3303 工作面开挖后，地表沉陷盆地位置有所改变，下沉最大值的位置较开挖前偏向 3303 工作面方向移动。

四、模拟结果分析

为了研究 3303 工作面的推进对 N165 号塔基下沉、倾斜等造成的影响，由 FLAC3D 数值模拟结果，提取 N165 号塔基附近的节点沉降（图 3.18），然后用数学插值可得到各个角点随着工作面推进时的位移，见表 3.7。

表 3.7　N165 号塔基附近节点随 3303 工作面推进时沉降变化

	工作面推进距/m						
	200	400	600	800	900	1000	1200
节点 1 沉降/mm	885.8	936.4	1162.7	1633.5	1815.2	2175.5	2512.7
节点 2 沉降/mm	722.5	775.3	997.9	1450.7	1723.2	1971.1	2306.0
节点 3 沉降/mm	585.0	638.7	855.9	1289.8	1554.3	1791.9	2124.1
节点 4 沉降/mm	805.5	829.2	1000.9	1419.0	1689.9	1969.6	2340.4
节点 5 沉降/mm	649.4	674.9	845.1	1247.0	1509.4	1778.6	2144.9
节点 6 沉降/mm	523.1	548.8	714.6	1102.4	1357.5	1611.4	1975.3
节点 7 沉降/mm	717.6	723.7	846.4	1201.9	1462.0	1743.1	2147.1
节点 8 沉降/mm	574.5	579.9	701.8	1045.7	1298.0	1568.4	1968.9
节点 9 沉降/mm	459.8	466.1	586.4	918.2	1164.1	1418.7	1815.6

3303 工作面东部规划边界相当于工作面推进到 1050m 处。图 3.22～图 3.24 分别为 3303 工作面推进过程中 N165 杆塔基础沉降曲线、杆塔基础沿线路走向倾斜曲线和垂直线路走向倾斜曲线。

计算可知 3302、3301 及 3303 工作面采掘完成后，沉陷盆地地表最大沉陷量约为 3.8m，下沉系数为 0.633。

由图 3.24 可知，3302、3301 及 3303 工作面采掘完成后，杆塔基础中心沉降约 1600mm。

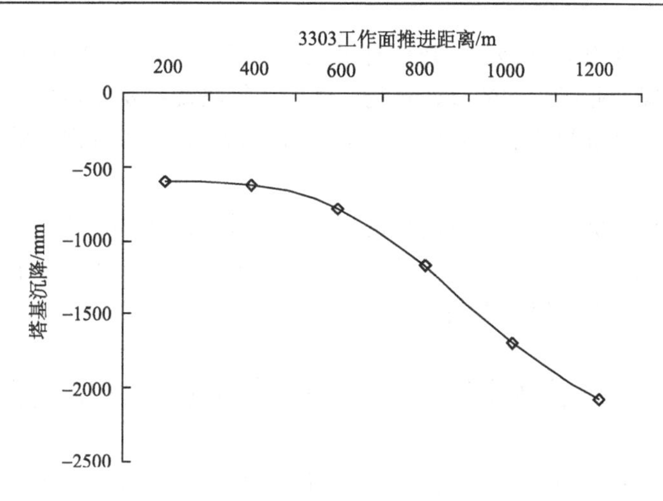

图 3.22　N165 塔基下沉曲线

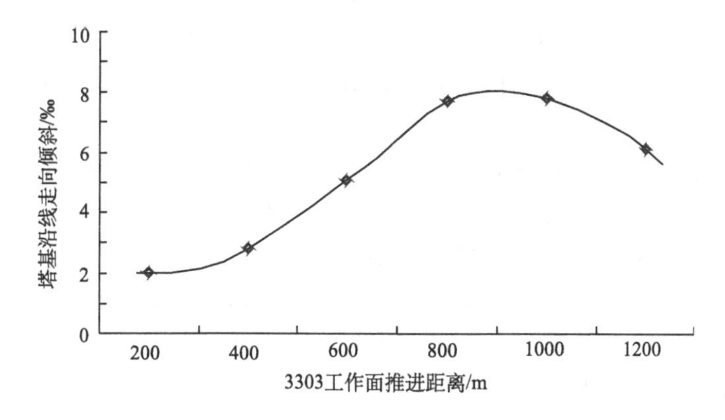

图 3.23　N165 塔基线路走向倾斜曲线

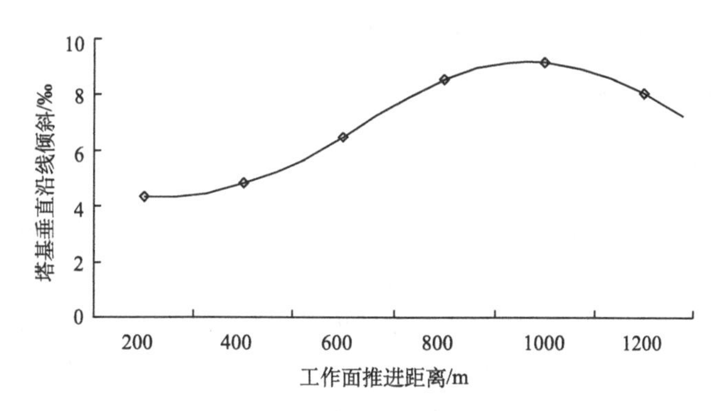

图 3.24　N165 塔基垂直线路走向倾斜曲线

图 3.23 显示，在 3303 工作面开采过程中，杆塔基础沿线路方向倾斜最大值为 8.1‰，最大倾斜位置出现在工作面开采通过杆塔基础约 90m 处。工作面开采完毕后杆塔基础沿线方向倾斜降为 7.6‰。

图 3.24 显示，杆塔基础垂直沿线方向最大倾斜为 9.2‰，最大倾斜位置出现在工作

面开采通过杆塔基础约150m处，工作面开采完毕后，基础垂直沿线方向倾斜约为9.1‰ 。

根据国家煤炭工业局制定的《建筑物、水体、铁路及主要井巷煤柱留设与压煤开采规程》规定，当开采引起的地表倾斜变形小于 3mm/m 时，建筑物下采煤不会影响建筑物的安全。

根据本次模拟分析，开采造成的杆塔基础的倾斜均超过 3mm/m 的标准，地表也有较大沉陷。如 N165 输电杆塔基础不采取任何抗变形措施，那么，开采引起的地表沉陷将对杆塔基础稳定性造成很大影响。

第三节 大郭沟断层两侧煤层风险开采与杆塔地基稳定性

大郭沟断层（F38 断层）位于河南省伊川县半坡乡大郭沟村，西部为暴雨山煤田勘探区，东部为马岭山勘探区，北起千梁沟，南至大郭沟村南，全长约 3.5km。总体走向约 350°，呈不规则的波状，倾向东，倾角约 70°，地表较陡，为 80°～85°，为一斜交地层走向的逆断层，上盘地层自南向北北西方向逆推，其断距北小南大，一般在 50m 左右。断裂带两侧分布有$二_1$、$四_3$、$五_3$煤层，$二_1$煤层为主采煤层。

根据伊川矿管部门的设计规划，大郭沟断层两侧煤矿如按规划开采，断层带两侧需预留一定宽度的保护煤带，预留宽度约 40m。该断裂带成为目前很多电力部门的输电廊道，长期来看，如果断裂带两侧煤矿将来均开采到断裂带附近，是否会引起大郭沟断层带出现较大变形，是否会对上部输电杆塔造成一定影响，也是设计人员关心的问题。

F38 断层附近拟建的输电杆塔为 JA88 及 JA88′（图 3.25），下部煤层未开采，杆塔地基目前为稳定状态，根据规划断层两侧煤层保护带预留宽度为 40～50m，预计 5～10 年的时间内，断层带两侧煤矿将开采到断层附近，据此情况，本书模拟计算了在断裂带两侧煤层不同开采条件下采空区上部杆塔地基的稳定性。

一、模型建立及参数选取

（一）模型建立

本节主要研究大郭沟断层两侧$二_1$煤的开采对断层附近的输电杆塔塔基 JA88′的影响。JA88′附近煤层赋存与开采状况资料如下：该点位于暴雨山煤矿区内，塔基位于 F38 断层东侧、逆断层的上盘，塔基下伏$二_1$煤层埋深约440m，煤层厚度为4.71m 左右，$四_3$煤层埋深约120m，不含$五_3$煤层。断层下盘的$二_1$煤层与上盘的埋深相差约100m。塔基下岩层主要为泥岩、砂质泥岩、砂岩，第四纪覆盖层较薄，为2m 左右。

计算采用 FLAC 计算程序，模型选取 1000m×1000m 的区域建立网格。长度方向网格数为 200 格，宽度方向 200 格。共计 40000 个单元，具体模型如图 3.26 所示。

模型底面节点被限制了高度方向的位移，模型两侧节点被限制其水平方向的位移。

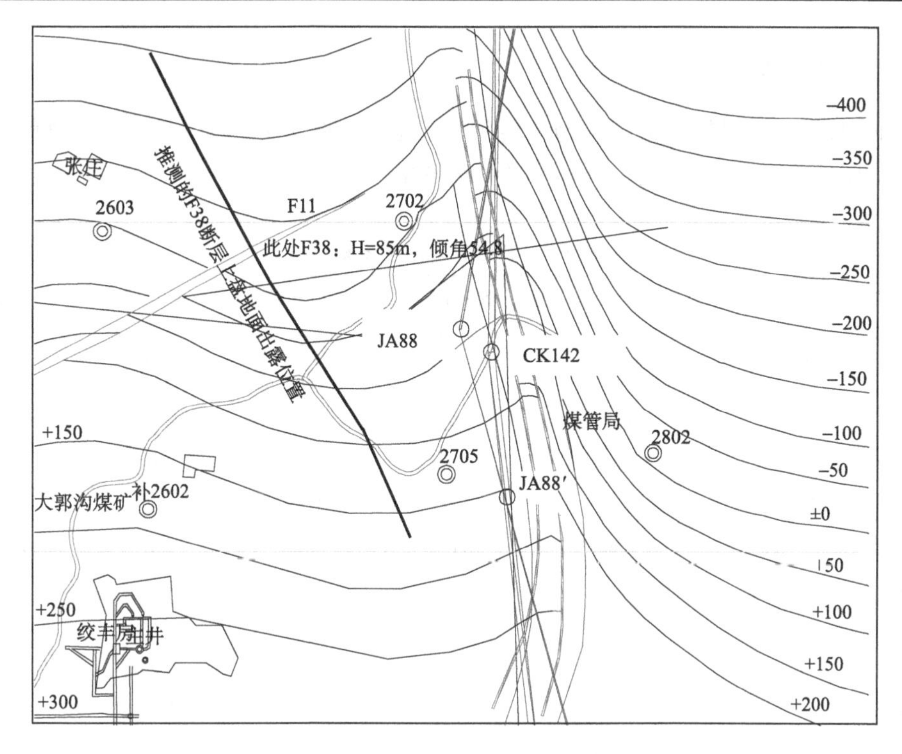

图 3.25　大郭沟断层（F38 断层）及线路走向示意图

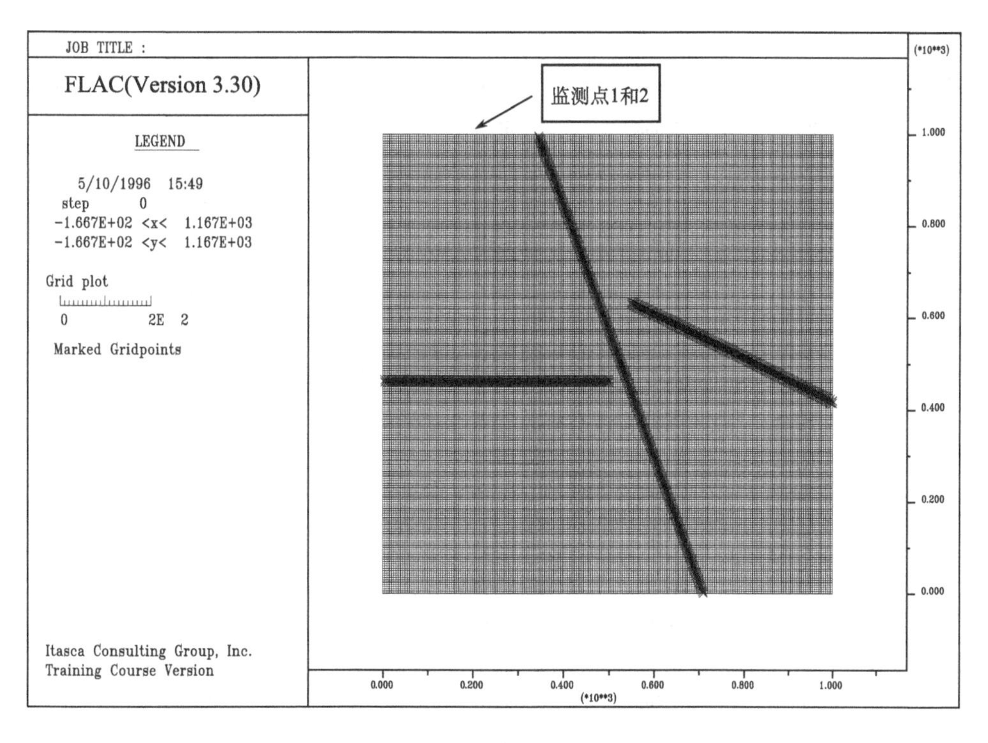

图 3.26　大郭沟断层带计算模型单元网格图

（二）参数选取

选取附近 2705 号钻孔数据作为地层赋值依据。参照以往工程计算经验，现将高度方向按地层属性不同分为 33 层，具体参数见表 3.8。

表 3.8　岩层物理力学参数表

地层名称	厚度/m	密度/（×1000kg/m^3）	体积模量/MPa	剪切模量/MPa	黏结力/MPa	内摩擦角/（°）
覆盖层	8	1.7	14	10	0.01	17.22
泥岩	12	2.068	6160	3670	6.16	29
泥岩	12	2.068	6160	3670	6.16	29
砂质泥岩	12	2.47	3680	1840	2.09	40.79
细砂岩	12	2.406	5410	2270	2.61	33.15
泥岩	12	2.068	6160	3670	6.16	29
泥岩	12	2.068	6160	3670	6.16	29
砂质泥岩	12	2.47	3680	1840	2.09	40.79
细砂岩	12	2.406	5410	2 270	2.61	33.15
泥岩	12	2.068	6160	3670	6.16	29
泥岩	12	2.068	6160	3670	6.16	29
砂质泥岩	12	2.47	3680	1840	2.09	40.79
细砂岩	15	2.406	5410	2270	2.61	33.15
泥岩	25	2.068	6160	3670	6.16	29
泥岩	25	2.068	6160	3670	6.16	29
砂质泥岩	25	2.47	3680	1840	2.09	40.79
细砂岩	25	2.406	5410	2270	2.61	33.15
泥岩	50	2.068	6160	3670	6.16	29
泥岩	50	2.068	6160	3670	6.16	29
砂质泥岩	50	2.47	3680	1840	2.09	40.79
细砂岩	50	2.406	5410	2270	2.61	33.15
泥岩	50	2.068	6160	3670	6.16	29
泥岩	50	2.068	6160	3670	6.16	29
砂质泥岩	50	2.47	3680	1840	2.09	40.79
细砂岩	50	2.406	5410	2270	2.61	33.15
泥岩	50	2.068	6160	3670	6.16	29
砂质泥岩	50	2.47	3680	1840	2.09	40.79
细砂岩	50	2.406	5410	2270	2.61	33.15
泥岩	50	2.068	6160	3670	6.16	29
泥岩	50	2.068	6160	3670	6.16	29

续表

地层名称	厚度/m	密度/（×1000kg/m³）	体积模量/MPa	剪切模量/MPa	黏结力/MPa	内摩擦角/（°）
砂质泥岩	50	2.47	3680	1840	2.09	40.79
细砂岩	50	2.406	5410	2270	2.61	33.15
二$_1$煤	5	1.362	605	254	1.81	29.38

注：内摩擦角 φ =15°，法向刚度 1000MPa，切向刚度 400MPa，抗拉强度 0.1×10^{-3}MPa，黏聚力 0.4MPa。

受断层影响，地表沉陷变形将发生一些不同寻常的变化，模型首先进行原始状态下的固结平衡，之后进行位移清零，监测点位于塔基 JA88′两个角点上。然后分步开挖，对塔基附近模型节点布置位移监测。针对可能出现的四种不同开采情况进行模拟计算。

二、四种开采情况下的模拟

（一）模拟一：断层西侧暴雨山煤矿单独开采至断层附近

模拟中对二$_1$煤层进行了分步开挖模拟计算，以模拟采掘工作面向 F38 断层与二$_1$煤层交线推进过程中，开采沉陷对输电杆塔 JA88′ 塔基影响。计算中分别模拟了采掘工作面推进到距断层为 250m、200m、150m、100m、40m 时杆塔地基变形情况。

图 3.27～图 3.31 分别为工作面距断层 250m、200m、150m、100m、40m 时的 y 向位移图，各分步开采模拟计算结果见表 3.9。

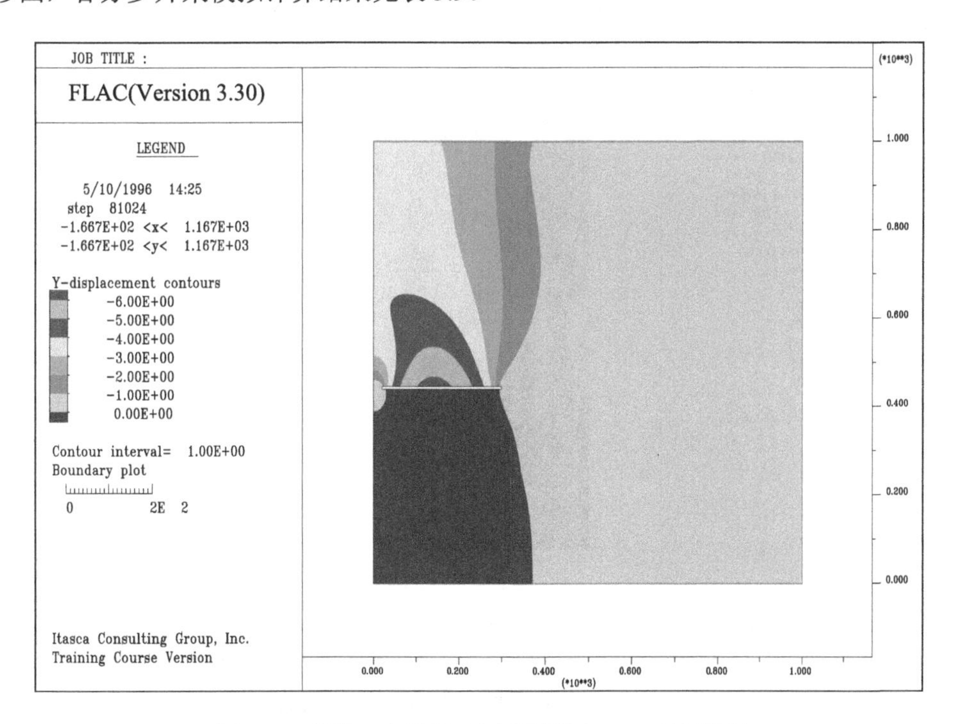

图 3.27　模拟一中采掘工作面距断层 250m 时沉降图

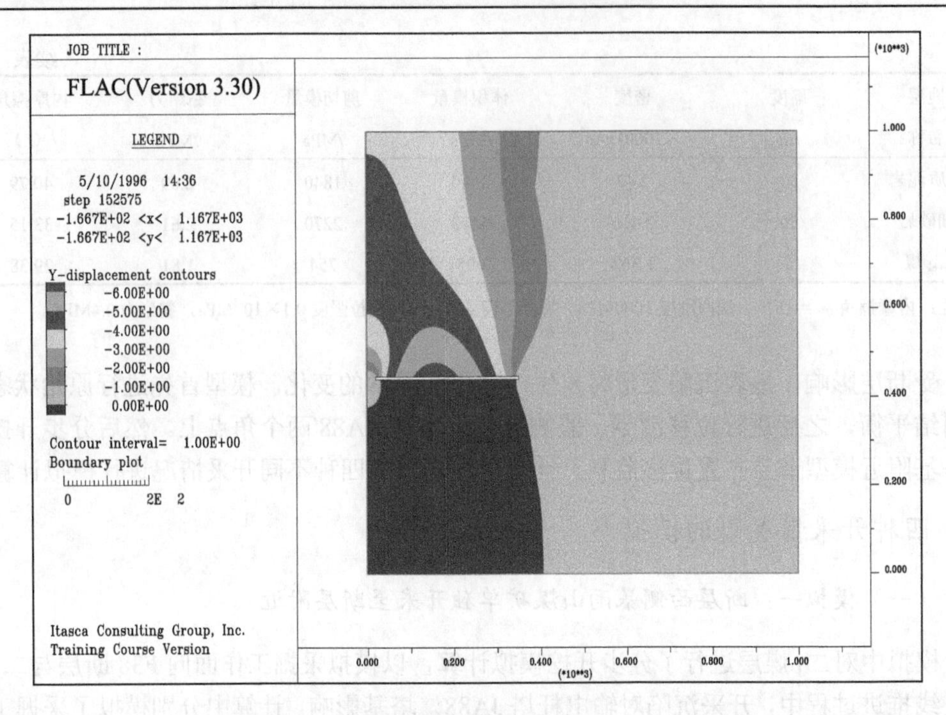

图 3.28　模拟一中采掘工作面距断层 200m 时沉降图

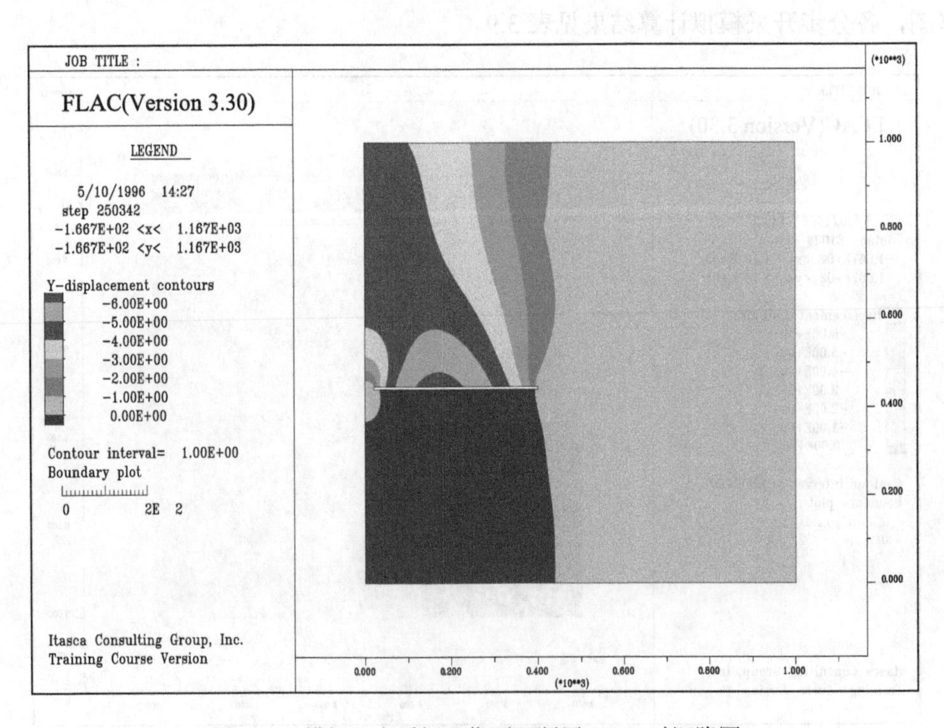

图 3.29　模拟一中采掘工作面距断层 150m 时沉降图

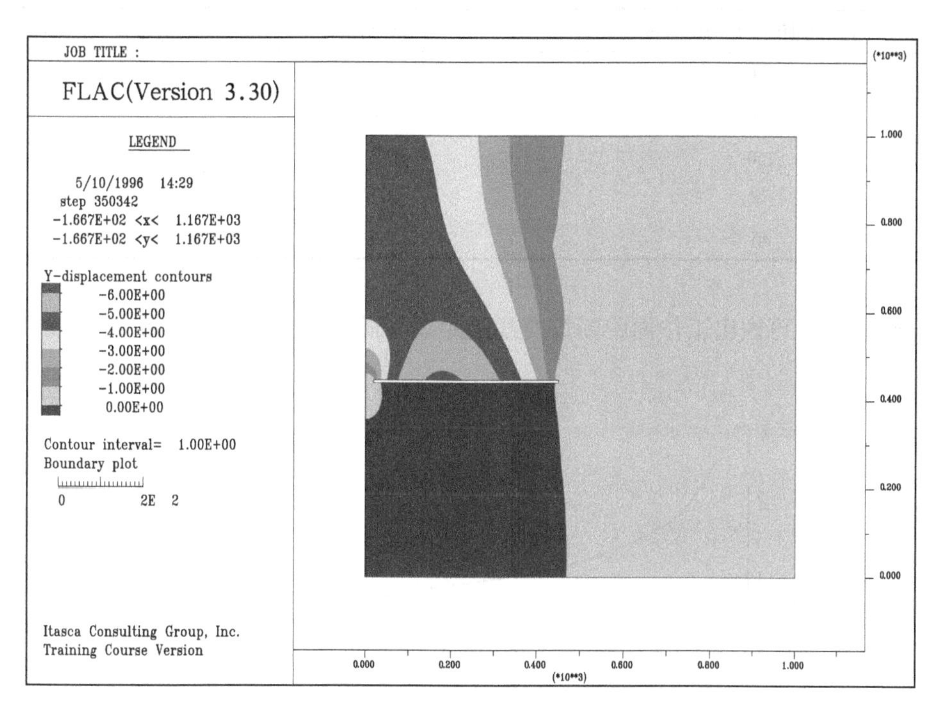

图 3.30　模拟一中采掘工作面距断层 100m 时沉降图

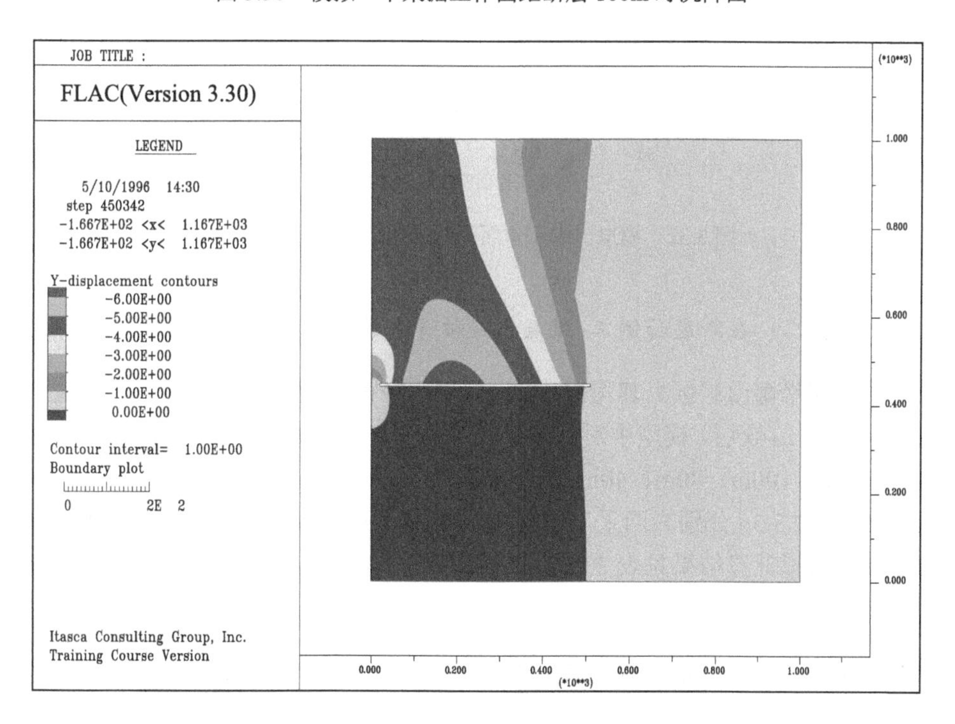

图 3.31　模拟一中采掘工作面距断层 40m 时沉降图

表 3.9　计算结果

采掘工作面距断层的距离/m	塔基倾斜/‰	塔基中心沉降/m
250	2.80	0.62
200	3.38	0.76
150	3.78	0.90
100	4.00	1.02
40	4.60	1.22

根据表 3.9，可做出工作面距断煤交线的距离与塔基斜率的拟合关系曲线，如图 3.32 所示。

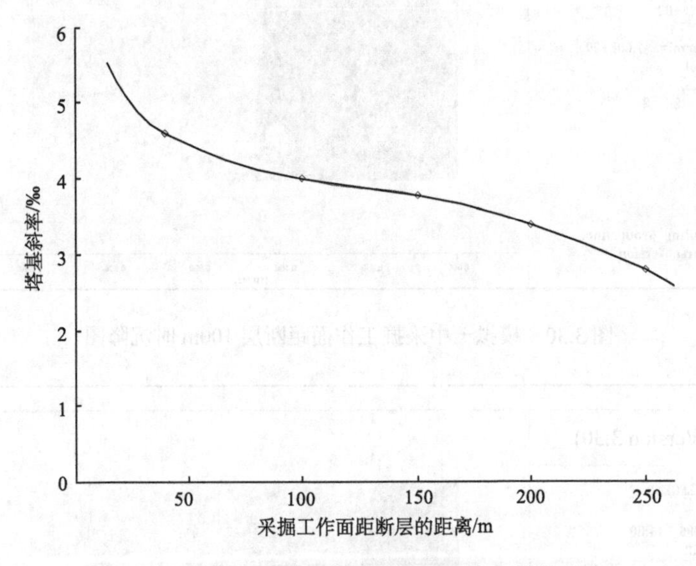

图 3.32　模拟一中工作面距断层的距离与塔基斜率

（二）模拟二：在断层西侧二$_1$煤层已经被开采的情况下开采断层东侧二$_1$煤层

在断层西侧暴雨山矿区大郭沟煤矿二$_1$煤层已经被先期开采的情况下，开采 F38 断层东侧郭沟矿区二$_1$煤层，模型中对煤层进行了分步开挖，模拟了采掘工作面推进到距断层分别为 150m、100m、80m、40m 时的情况。

图 3.33 ～图 3.36 分别为回采工作面距断层 150m、100m、80m、40m 时的 y 向位移图。分步开采模拟计算结果见表 3.10，根据结果，工作面距断层的距离与塔基斜率关系曲线如图 3.37 所示。

（三）模拟三：断层东侧郭沟煤矿单独开采二$_1$煤层至断层附近

模型中对煤层进行了分步开挖，模拟了采掘工作面推进距断层分别为 150m、100m、80m、40m 时的情况。

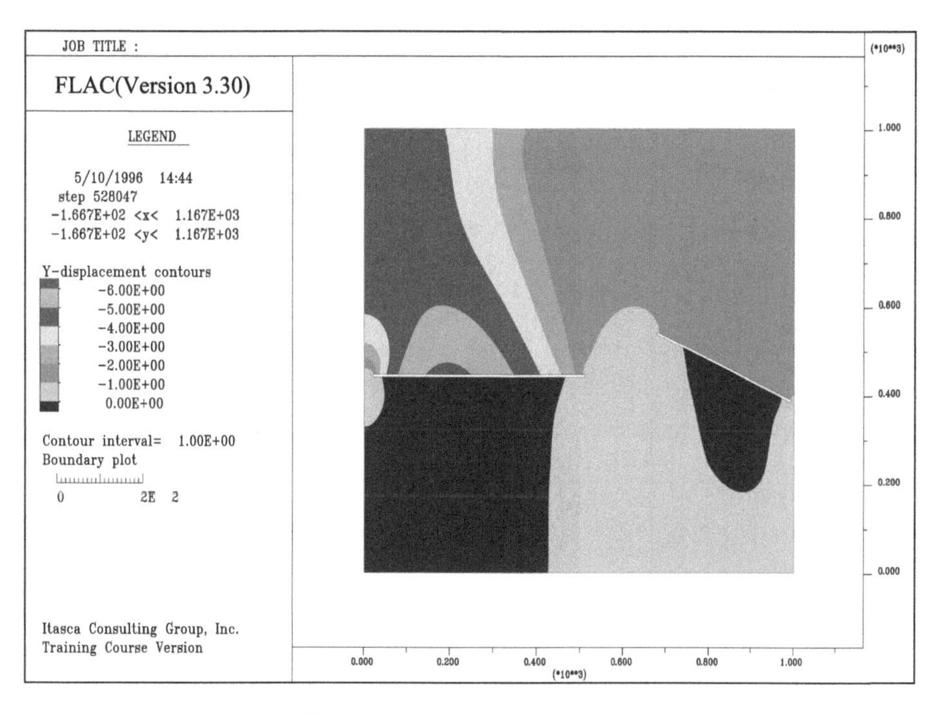

图 3.33　模拟二中采掘工作面距断层 150m 时沉降图

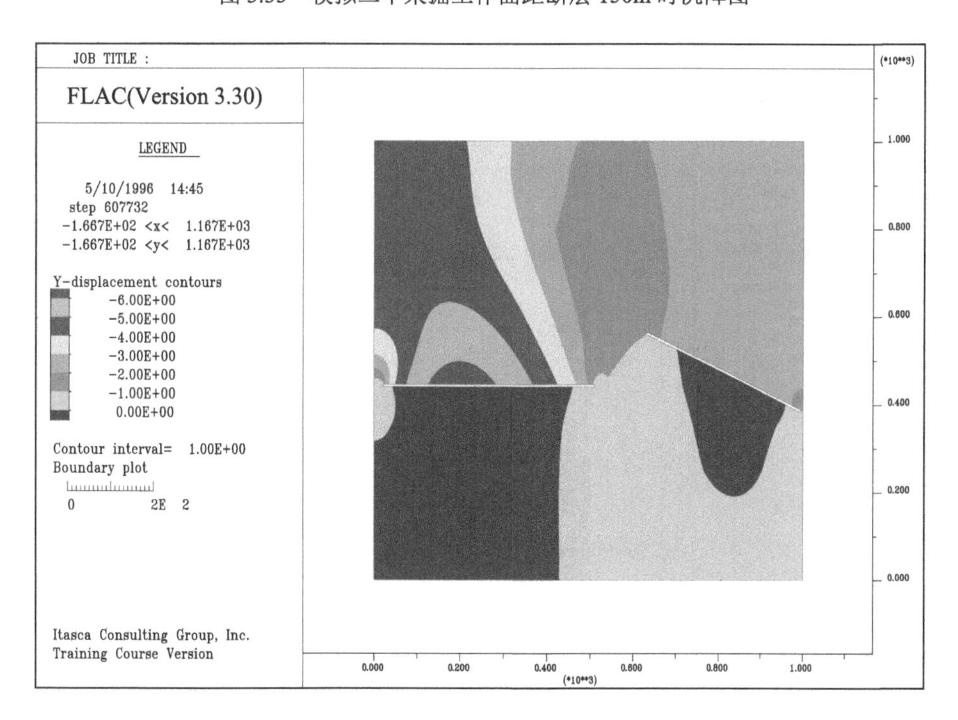

图 3.34　模拟二中采掘工作面距断层 100m 时沉降图

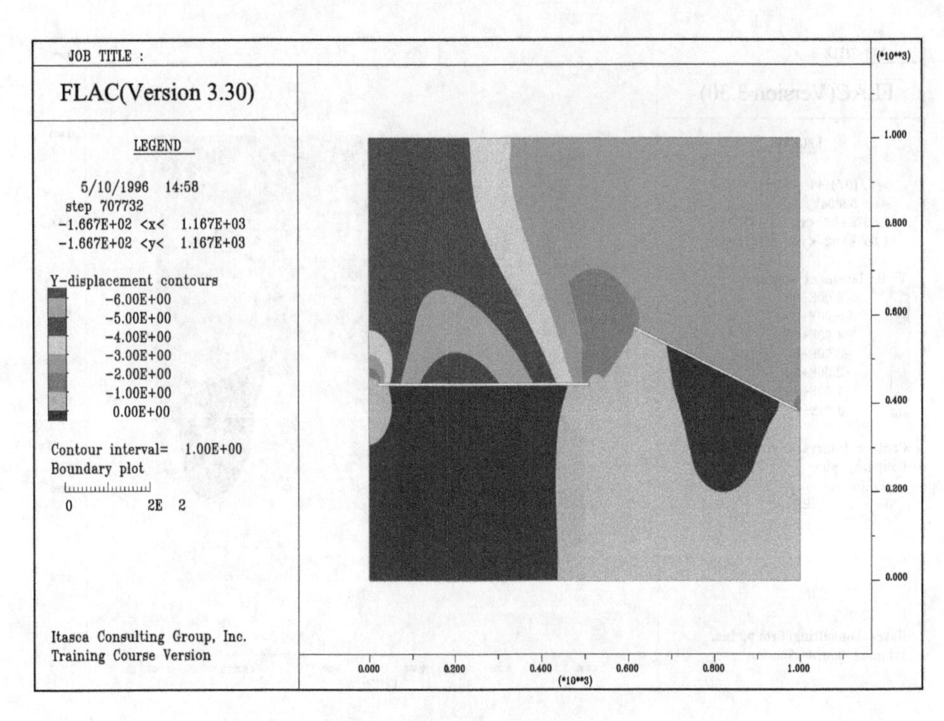

图 3.35　模拟二中采掘工作面距断层 80m 时沉降图

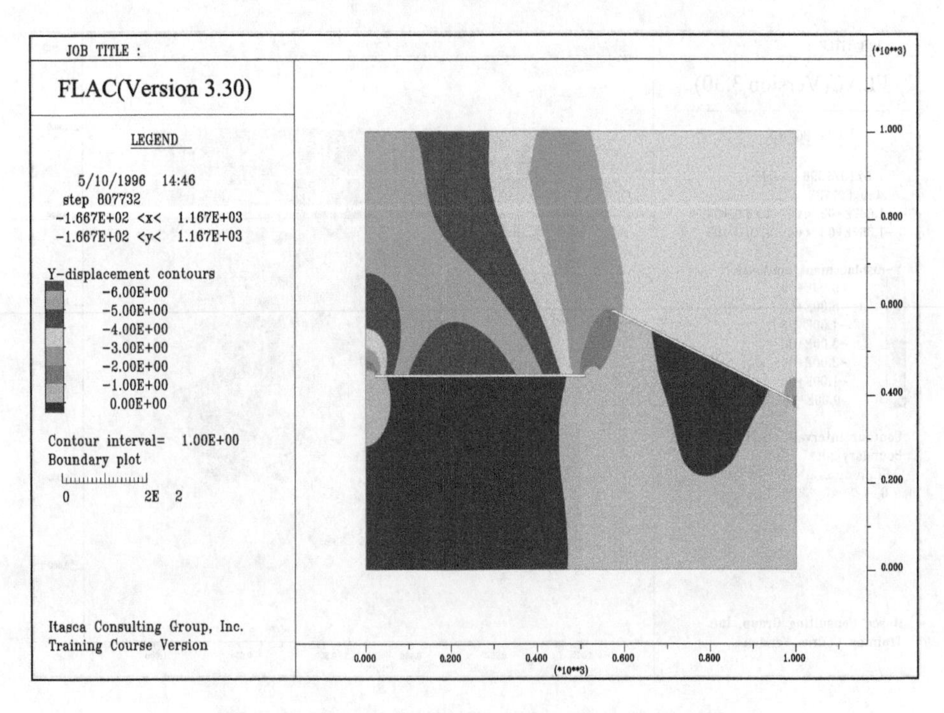

图 3.36　模拟二中采掘工作面距断层 40m 时沉降图

表 3.10　计算结果

采掘工作面断层的距离/m	塔基倾斜/‰	塔基中心沉降/m
150	2.40	1.64
100	1.60	2.02
80	1.00	2.26
40	-0.20	2.96

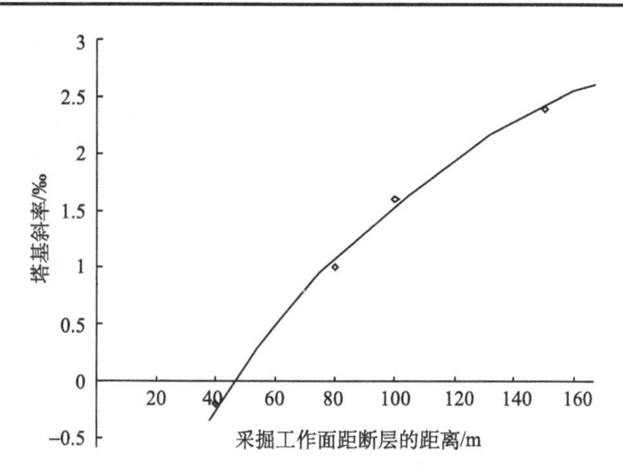

图 3.37　模拟二中工作面距断层的距离与塔基斜率

图 3.38～图 3.41 分别为工作面距断层 150m、100m、80m、40m 时的 y 向位移图，分步开采模拟计算结果见表 3.11。

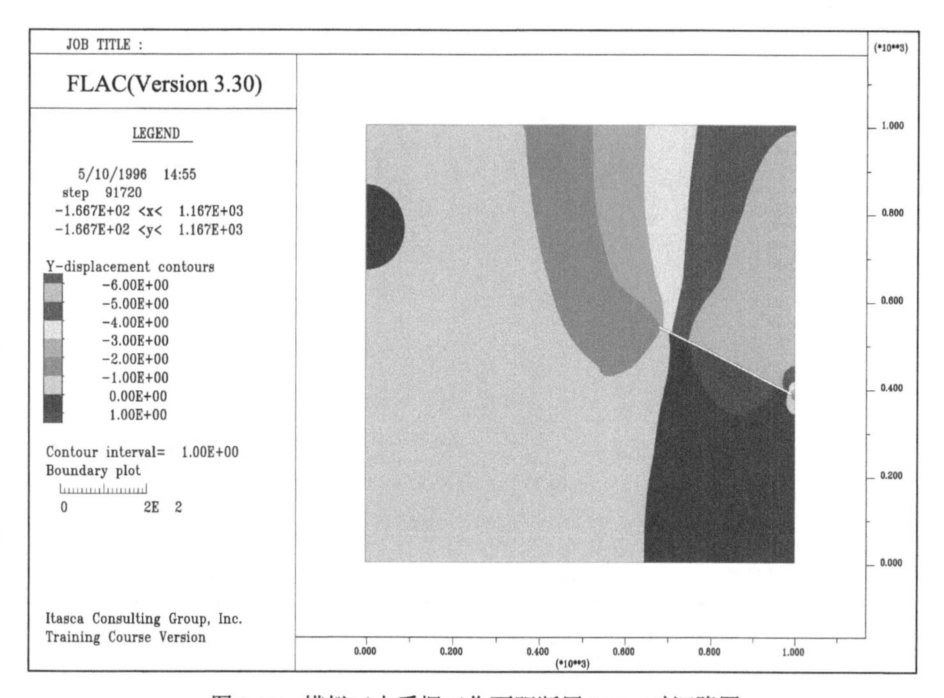

图 3.38　模拟三中采掘工作面距断层 150m 时沉降图

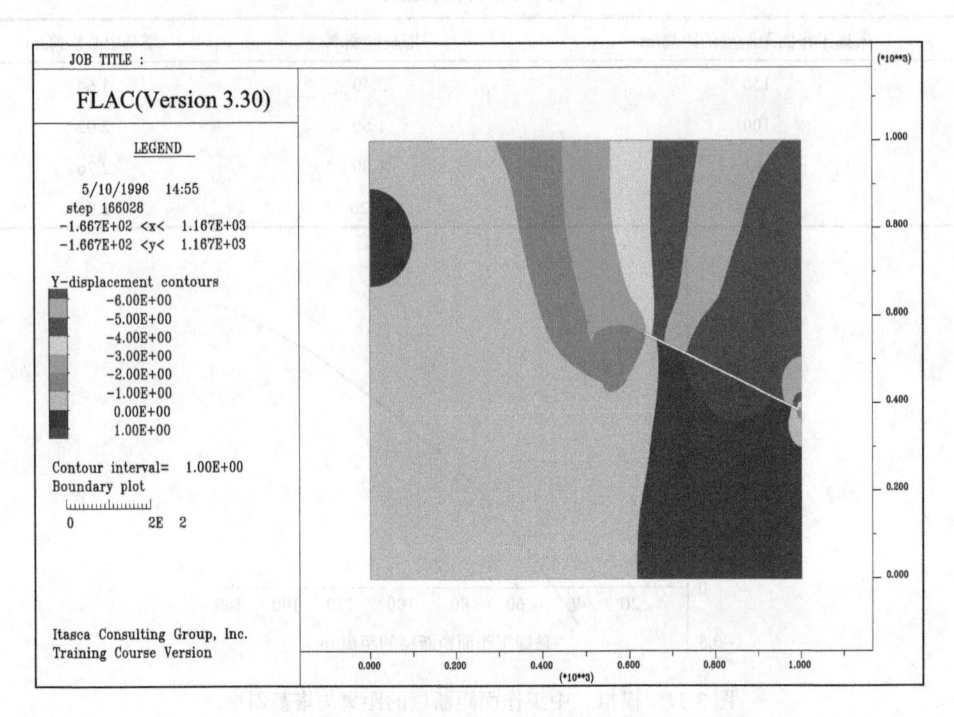

图 3.39　模拟三中采掘工作面距断层 100m 时沉降图

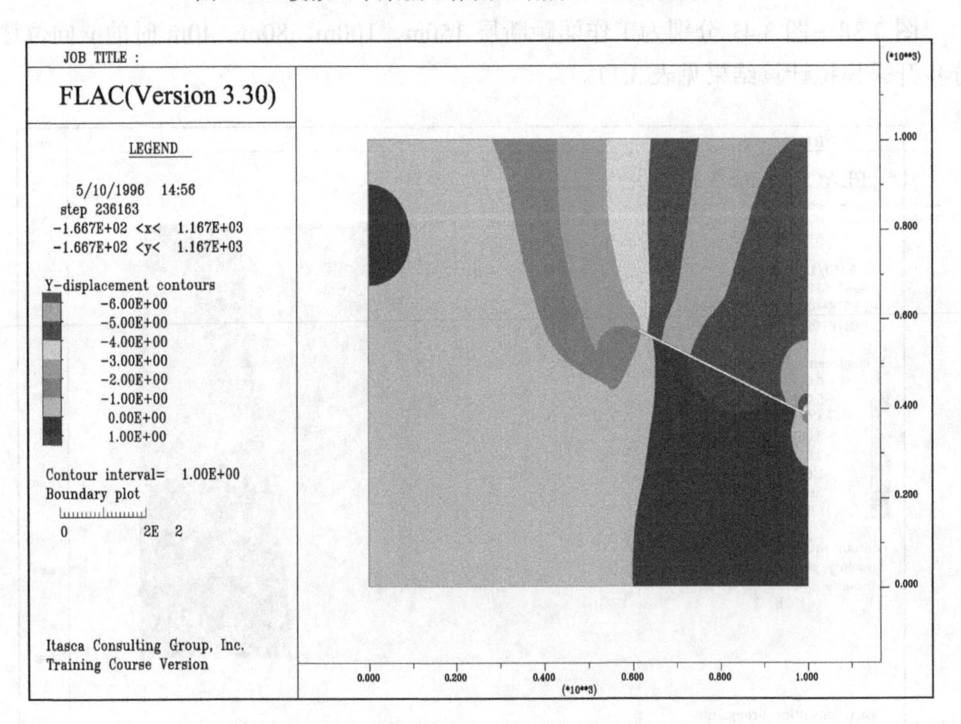

图 3.40　模拟三中采掘工作面距断层 80m 时沉降图

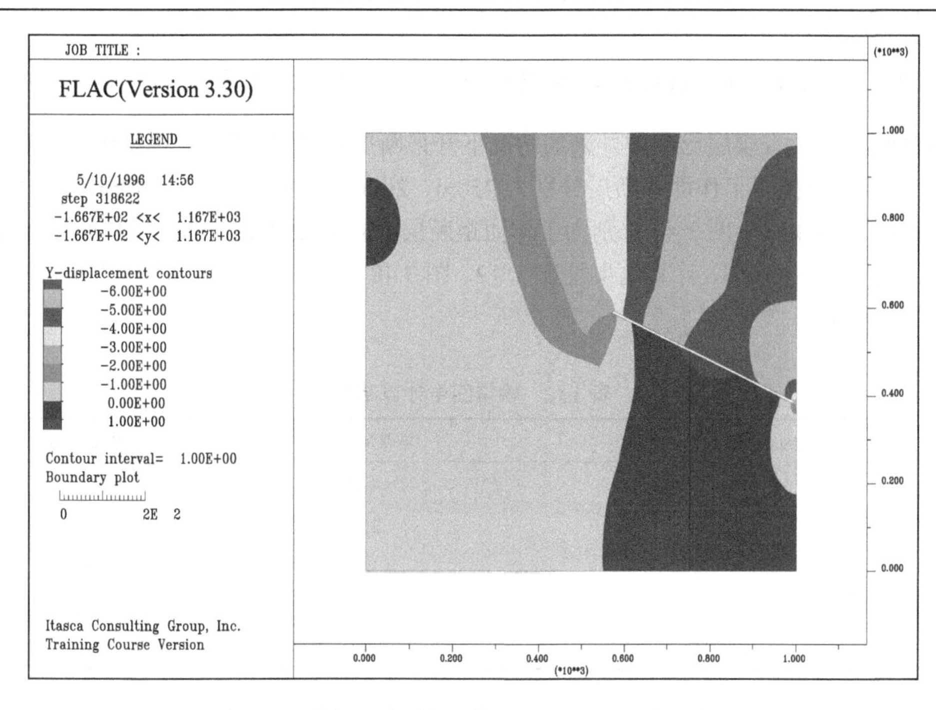

图 3.41　模拟三中采掘工作面距断层 40m 时沉降图

表 3.11　模拟三中计算结果

工作面距断层的距离/m	塔基倾斜/‰	塔基中心沉降/m
150	6.60	1.57
100	8.50	2.13
80	8.60	2.26
40	8.80	2.60

根据结果，可做出工作面距断层的距离与塔基斜率关系曲线，如图 3.42 所示。

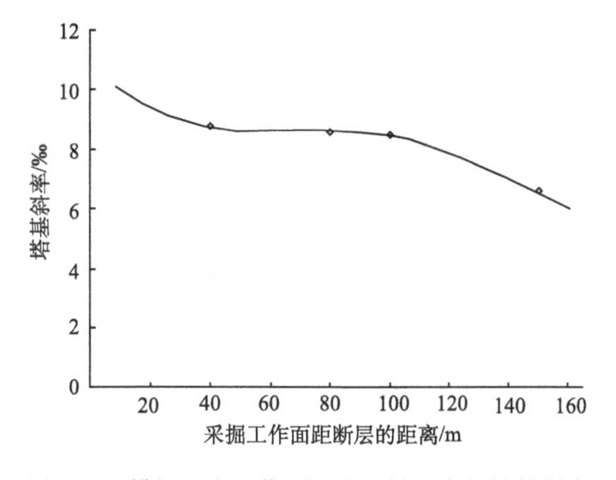

图 3.42　模拟三中工作面距断层的距离与塔基斜率

（四）模拟四：在断层东侧二$_1$煤层已经被开采的情况下开采断层西侧二$_1$煤层

在断层东侧二$_1$煤层已经被开采的情况下开采断层西侧二$_1$煤层，模型中对煤层进行了分步开挖，模拟了工作面距断层分别为250m、200m、150m、100m、40m时杆塔地基变形情况， 图3.43～图3.47分别为工作面距断层250m、200m、150m、100m、40m时杆塔地基的y向位移图，计算结果见表3. 12。图3.48为工作面距断层的距离与塔基斜率的拟合关系曲线。

表3.12　模拟四中计算结果

采掘工作面距断层的距离/m	塔基倾斜/‰	塔基中心沉降/m
250	4.40	3.06
200	2.80	3.20
150	1.60	3.32
100	0.80	3.48
40	0.00	3.70

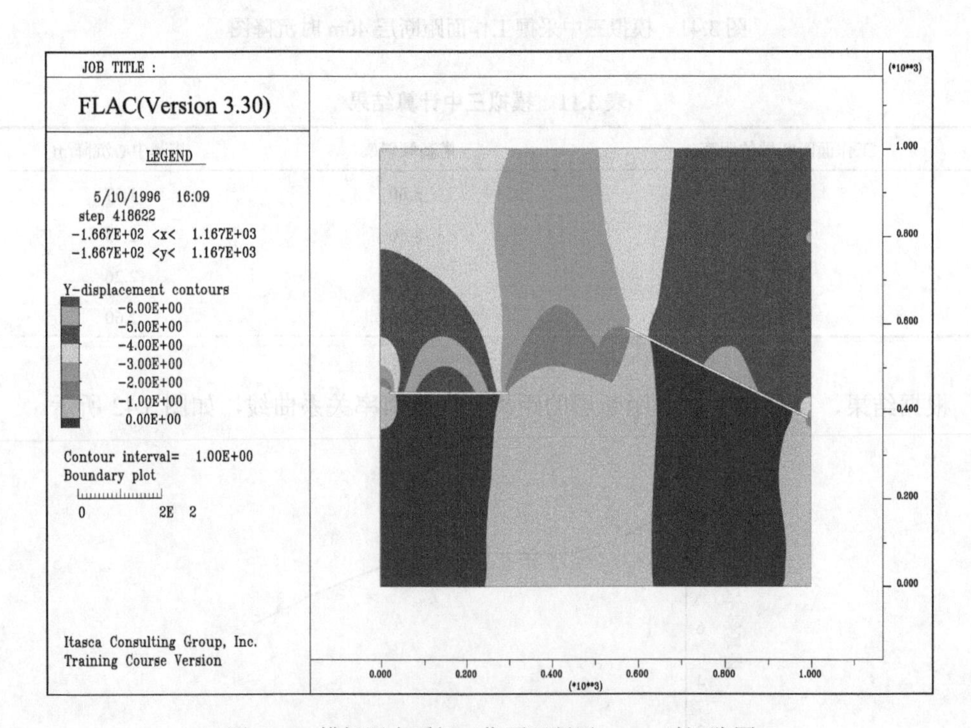

图3.43　模拟四中采掘工作面距断层250m时沉降图

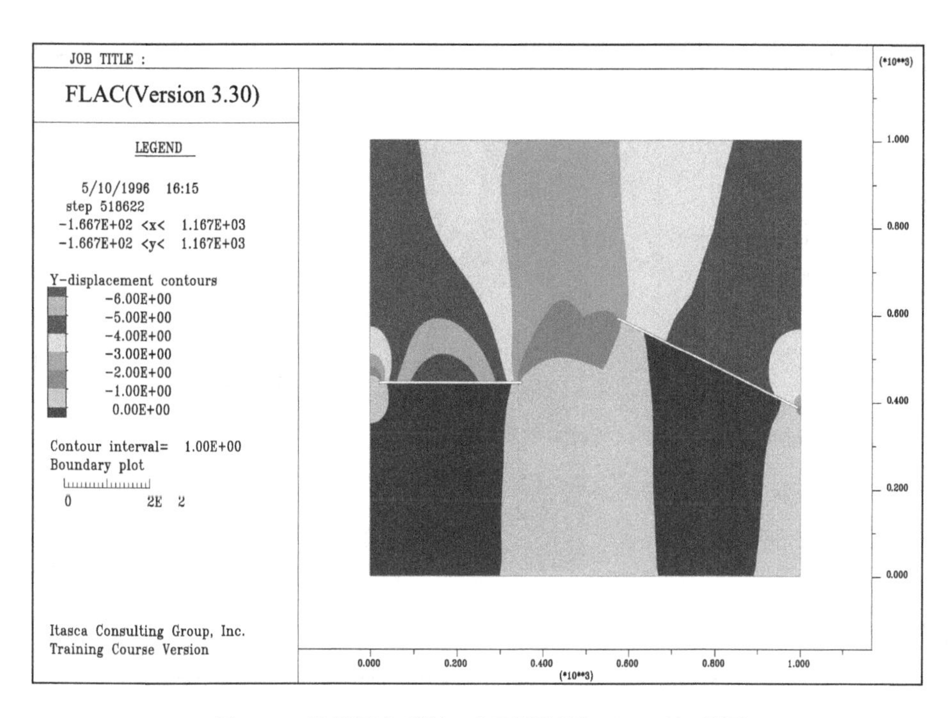

图 3.44 模拟四中采掘工作面距断层 200m 时沉降图

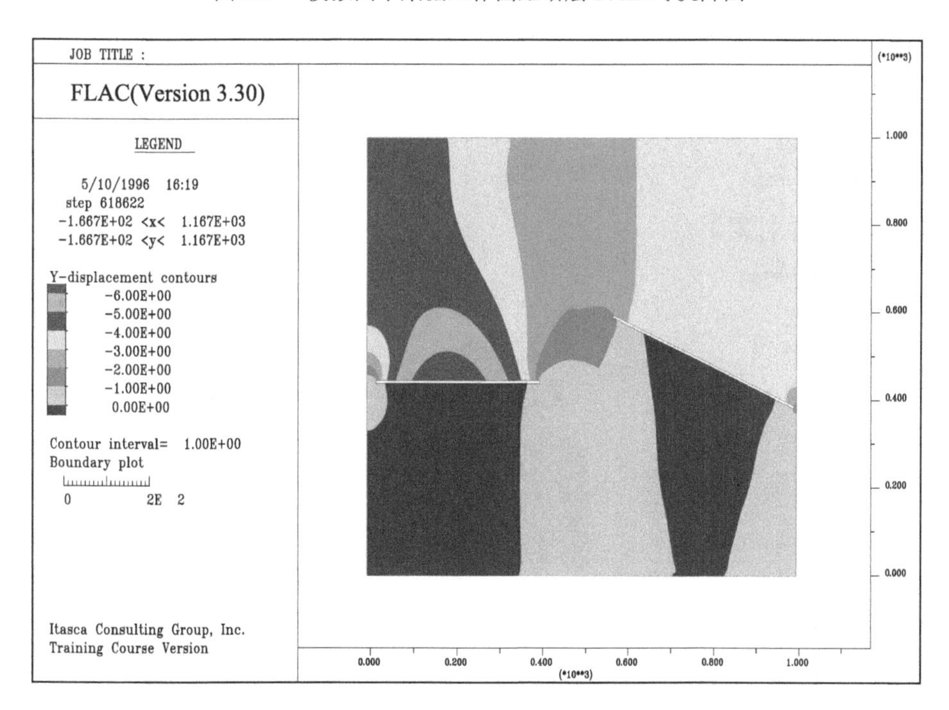

图 3.45 模拟四中采掘工作面距断层 150m 时沉降图

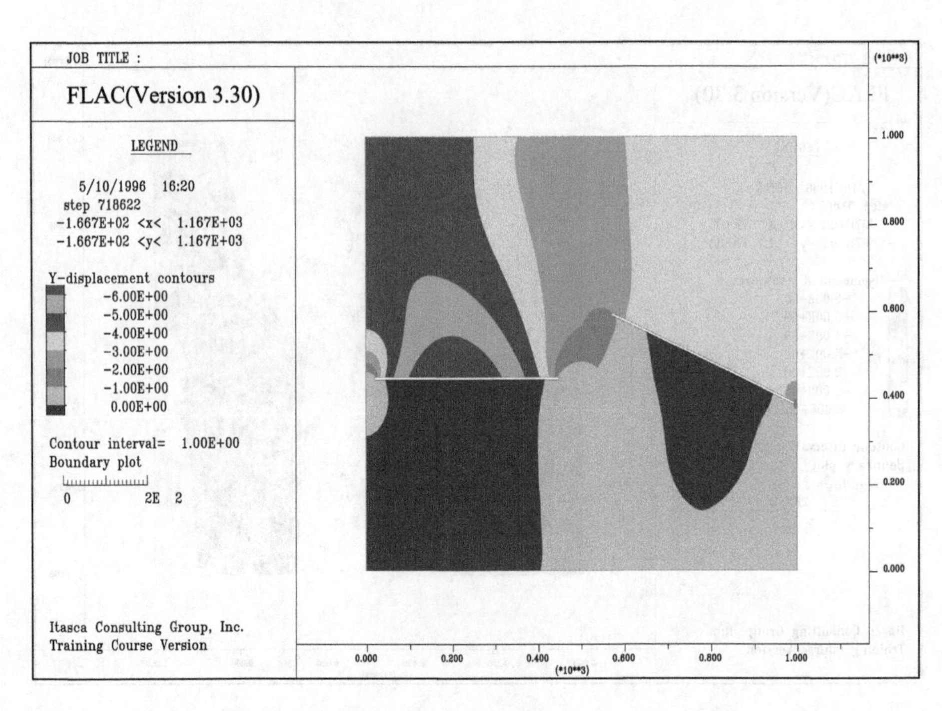

图 3.46　模拟四中采掘工作面距断层 100m 时沉降图

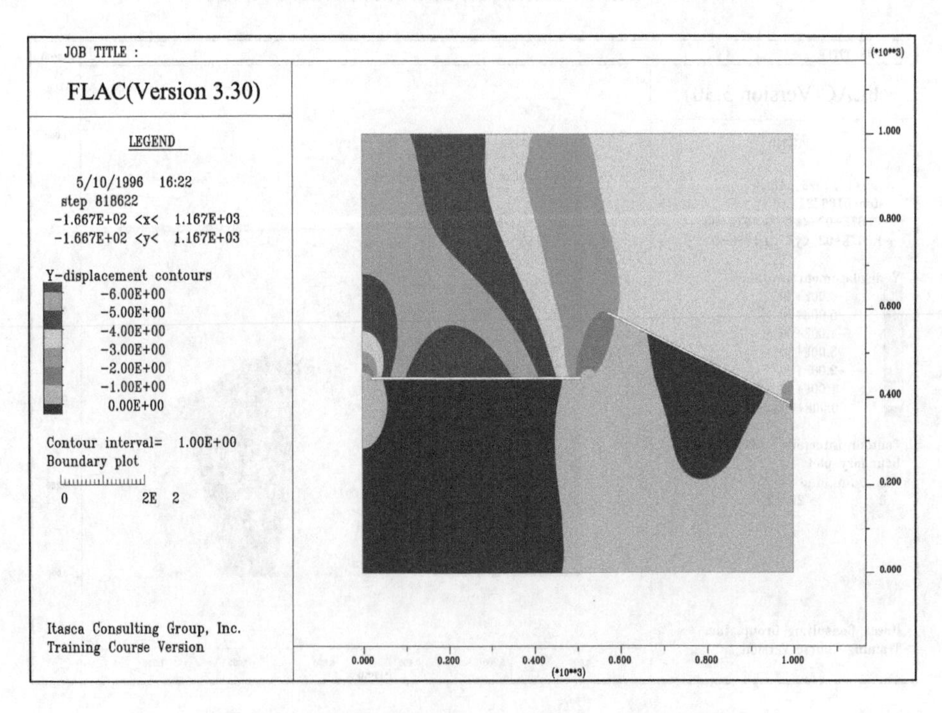

图 3.47　模拟四中采掘工作面距断层 40m 时沉降图

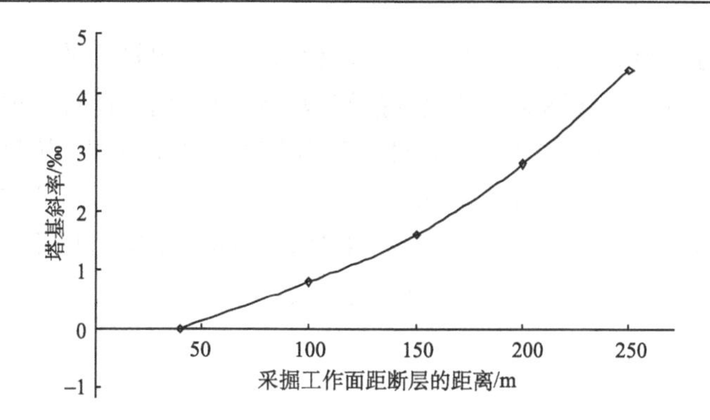

图 3.48　模拟四中采掘工作面距断层距离与塔基斜率关系图

第四节　模拟结果分析及优化开采方案

通过本节煤层开采数值模拟可以看出，在断层西侧二$_1$煤层首先开采情况下，在采掘工作面由距 F38 断层 250m 推进到 40m 时，杆塔基础中心沉降由约 0.62m 增大到 1.22m，基础倾斜由 2.8‰增大到 4.60‰。随后再开采断层东部的二$_1$煤层，当工作面由距 F38 断层 150m 推进到 40m 时，输电杆塔基础中心沉降由 1.64m 增大到约 3m，基础倾斜由 2.40‰减小到–0.20‰。开采过程中输电杆塔最大倾斜为 4.60‰，此情况出现在断层西侧暴雨山矿区大郭沟煤矿单独开采至 F38 断层 40m 时，而后随着断层东侧郭沟矿区二$_1$煤层的逐步开采，输电杆塔基础倾斜逐渐减小，最后基础向反方向倾斜–0.20‰。

在断层东侧二$_1$煤层首先开采情况下，采掘工作面由距 F38 断层 150m 推进到 40m 时，杆塔基础中心沉降由约 1.57m 增大到 2.60m，基础倾斜由 6.60‰增大到 8.8‰。随后再开采断层西部的二$_1$煤层，当工作面由距 F38 断层 250m 推进到 40m 时，输电杆塔基础中心沉降由 3.06m 增大到约 3.70m，基础倾斜由 4.40‰减小到 0.00‰。开采过程中输电杆塔最大倾斜为 8.8‰，此情况出现在断层东侧郭沟矿区单独开采至 F38 断层 40m 时，之后随着断层西侧暴雨山矿区大郭沟煤矿二$_1$煤层开采，杆塔基础倾斜逐渐减小，最后基础倾斜得到纠正，为 0.00‰。

（1）根据国家煤炭工业局制定的《建筑物、水体、铁路及主要井巷煤柱留设与压煤开采规程》规定，当开采引起的地表变形小于 3mm/m 时，建筑物下采煤不会影响建筑物的安全。根据本次模拟分析，F38 逆断层两侧二$_1$煤层开采造成的杆塔基础的倾斜均超过此标准，地表也有较大沉陷。如对 JA88′输电杆塔基础不采取任何抗变形措施，那么，开采引起的地表沉陷将对杆塔基础稳定性造成影响。

（2）如果利用断层两侧 40m 距离的预留保护带作为安全煤柱，从计算结果上分析，40m 的保护带预留距离远远不能满足杆塔基础稳定性的需要，两侧煤层开采过程中所造成的基础倾斜最大值远远超过 3‰的要求。杆塔基础也将造成较大沉降，基础中心沉降最大可达到 3.70m。

（3）输电杆塔属于特殊高耸构筑物，杆塔本身具有一定的抗变形能力，根据目前采空区输电杆塔运行经验，对于均匀地表下沉、相对较大的倾斜可采取大板基础形式、预留悬弧高度，辅助以杆塔底脚螺栓调整等措施即可解决问题。针对这种情况，可允许对F38逆断层两侧二$_1$煤层进行风险开采，设计较为合理的开采方案，从数值模拟的开采顺序情况来看，首先开采逆断层西侧埋藏较深的二$_1$煤层，然后开采断层东部的二$_1$煤层，这样的开采顺序对杆塔基础所造成的损害相对较轻，两侧煤层均开采完成后，基础中心最大沉降为3m，开采过程中基础最大倾斜为4.60‰。

第四章　MTFA 沉陷变形预计公式及编程要点

国家电网 “两纵两横” 特高压骨干电网，将陕北、晋东南煤电基地电力送到华中、华东地区，将蒙西煤电基地电力送到华北、华东地区，将西南水电送到华中、华东地区。随着国家对大范围内的煤电资源进行优化配置，大型特高压输电线路不可避免地要通过矿产资源赋存区，矿产资源的大量开采给特高压输电杆塔安全造成了隐患。因此，客观的评价预测采动影响区的地表变形，减少煤矿开采对特高压线路的影响、科学地选择线路路径具有实用价值。

通过收集采动影响区工程的勘测、设计、施工及运行资料，综合国内外采动影响区输电线路建设及采空区治理的研究经验，探讨如何合理地对采动影响区内高压输电线路杆塔地基变形进行定量预测，开发出针对特高压线路的采空区输电杆塔地基稳定性评价专业计算软件，为采动影响区的电力工程勘测设计提供参考和服务是很有必要的。

目前，国内没有成熟的针对采动影响区输电杆塔地基稳定性进行评价的专门软件，为此很有必要就高压线路杆塔特点结合相关计算模型及工程经验，开发一套专门应用于采动影响区高压输电线路杆塔地基变形预测分析的系统软件。

为解决上述问题，华北电力设计院有限公司与河北工程大学联合研究开发了“输电线路采动影响区地基稳定性评价系统”，简称 MTFA。

目前，地表沉陷预测是基于地表沉陷实测资料的经验公式法，使用较多的有剖面函数法、影响函数法、典型曲线法、概率积分法等。概率积分法是以波兰学者（J. Litwiniszyn）提出的随机介质理论为基础，得到我国学者刘宝琛、廖国华等的发展形成概率积分法，在国内使用广泛。我国的《建筑物、水体、铁路及主要巷道煤柱留设与压煤开采规程》、《岩土工程勘察规范》等均把概率积分法列为主要的开采沉陷预计方法。MTFA 预测系统的编制中主要采用的就是《建筑物、水体、铁路及主要巷道煤柱留设与压煤开采规程》、《岩土工程勘察规范》推荐的概率积分法。

第一节　矩形工作面地表任意点沉陷变形预计公式

矩形工作面概率积分法数学模型可采用下面的公式计算。

一、地表任意点（x，y）的下沉值 W（x，y）

根据概率积分法，地表任一点（x,y）的下沉值 W（x,y）可由下列公式计算：

$$W(x,y)=\frac{1}{W_0}W^0(x)W^0(y) \tag{4.1}$$

$$W^0(x)=\frac{W_0}{2}\left\{\operatorname{erf}\left(\frac{\sqrt{\pi}}{r}x\right)-\operatorname{erf}\left[\frac{\sqrt{\pi}}{r}(x-l)\right]\right\} \tag{4.2}$$

$$W^0(y)=\frac{W_0}{2}\left\{\operatorname{erf}\left(\frac{\sqrt{\pi}}{r_1}y\right)-\operatorname{erf}\left[\frac{\sqrt{\pi}}{r_2}(y-L)\right]\right\} \tag{4.3}$$

$$W_0=mq\cos\alpha \tag{4.4}$$

$$\operatorname{erf}(x)=\frac{2}{\sqrt{\pi}}\int_0^x \mathrm{e}^{-x^2}\mathrm{d}x \tag{4.5}$$

式中，W_0 为充分采动条件下，地表最大下沉值，m；m 为煤层采厚，m；q 为下沉系数；α 为煤层倾角，(°)；$W^0(x)$、$W^0(y)$ 分别为走向和倾向有限开采时，主断面地表下沉值，m；l、L 分别为走向和倾向有限开采时的计算长度（考虑拐点偏距后的长度），m；r、r_1、r_2 分别为工作面走向、下山、上山的主要影响半径，m；$r=\frac{H}{\tan\beta}$，$r_1=\frac{H_1}{\tan\beta_1}$，$r_2=\frac{H_2}{\tan\beta_2}$；$H$、$H_1$、$H_2$ 分别为工作面走向、工作面下山、工作面上山采深，m；$\tan\beta$、$\tan\beta_1$、$\tan\beta_2$ 分别为工作面走向、工作面下山、工作面上山主要影响角正切；erf（x）为高斯误差函数。

高斯误差函数的计算：

在数学中，高斯误差函数是一个非基本函数（即不是初等函数），其在概率论、统计学及偏微分方程中都有广泛的应用。把等式的右边用泰勒级数展开，可以写成如下的形式：

$$\operatorname{erf}(x)=\frac{2}{\sqrt{\pi}}\sum_{n=0}^{\infty}\frac{(-1)^n x^{2n+1}}{(2n+1)n!}=\frac{2}{\sqrt{\pi}}\left(x-\frac{x^3}{3}+\frac{x^5}{10}-\frac{x^7}{42}+\frac{x^9}{216}-\cdots\right) \tag{4.6}$$

式（4.6）对于任意复数 x 都成立。

二、地表任意点（x, y）沿 φ 方向的倾斜值、曲率值、水平移动和水平变形值

地表任意点（x, y）沿 φ 方向的倾斜值为

$$i(x,y,\varphi)=\frac{1}{W_0}[i^0(x)W^0(y)\cos\varphi+i^0(y)W^0(x)\sin\varphi] \tag{4.7}$$

地表任意点（x, y）沿 φ 方向的曲率值为

$$K(x,y,\varphi)=\frac{1}{W_0}[K^0(x)W^0(y)\cos^2\varphi+K^0(y)W^0(x)\sin^2\varphi+i^0(x)i^0(y)\sin 2\varphi] \tag{4.8}$$

地表任意点（ x, y ） 沿 φ 方向的水平移动为

$$U(x,y,\varphi)=\frac{1}{W_0}[U^0(x)W^0(y)\cos\varphi+U^0(y)W^0(x)\sin\varphi] \tag{4.9}$$

地表任意点（x, y）沿 φ 方向的水平变形值为

$$\varepsilon(x,y,\varphi)=\frac{1}{W_0}\{\varepsilon^0(x)W^0(y)\cos^2\varphi+\varepsilon^0(y)W^0(x)\sin^2\varphi+[U^0(x)i^0(y)+U^0(y)i^0(x)]\sin\varphi\cos\varphi\} \tag{4.10}$$

式中，φ 为从 x 轴的正方向逆时针计算到指定方向的角度值。

式（4.7）～式（4.10）中的各相关值的运算如下列各式：

$$i^0(x)=i(x)-i(x-l)=\frac{W_0}{r}\mathrm{e}^{-\pi\frac{x^2}{r^2}}-\frac{W_0}{r}\mathrm{e}^{-\pi\frac{(x-l)^2}{r^2}} \tag{4.11}$$

$$i^0(y)=i_1(y)-i_2(y-L)=\frac{W_0}{r_1}\mathrm{e}^{-\pi\frac{y^2}{r_1^2}}-\frac{W_0}{r_2}\mathrm{e}^{-\pi\frac{(y-L)^2}{r_2^2}} \tag{4.12}$$

$$K^0(x)=K(x)-K(x-l)=-\frac{2\pi W_0}{r^3}x\mathrm{e}^{-\pi\frac{x^2}{r^2}}+\frac{2\pi W_0}{r^3}(x-l)\mathrm{e}^{-\pi\frac{(x-l)^2}{r^2}} \tag{4.13}$$

$$K^0(y)=K_1(y)-K_2(y-L)=-\frac{2\pi W_0}{r_1^3}y\mathrm{e}^{-\pi\frac{y^2}{r_1^2}}+\frac{2\pi W_0}{r_2^3}(y-L)\mathrm{e}^{-\pi\frac{(y-L)^2}{r_2^2}} \tag{4.14}$$

$$U^0(x)=U(x)-U(x-l)=bW_0\mathrm{e}^{-\pi\frac{x^2}{r^2}}-bW_0\mathrm{e}^{-\pi\frac{(x-l)^2}{r^2}} \tag{4.15}$$

$$U^0(y)=U(y)-U(y-L)=b_1W_0\mathrm{e}^{-\pi\frac{y^2}{r_1^2}}-b_2W_0\mathrm{e}^{-\pi\frac{(y-L)^2}{r_2^2}}+W_0(y)\cdot\cot\theta_0 \tag{4.16}$$

$$\varepsilon^0(x)=\varepsilon(x)-\varepsilon(x-l)=-\frac{2\pi bW_0}{r^2}x\mathrm{e}^{-\pi\frac{x^2}{r^2}}+\frac{2\pi bW_0}{r^2}(x-l)\mathrm{e}^{-\pi\frac{(x-l)^2}{r^2}} \tag{4.17}$$

$$\varepsilon^0(y)=\varepsilon(y)-\varepsilon(y-L)=-\frac{2\pi b_1W_0}{r_1^2}y\mathrm{e}^{-\pi\frac{y^2}{r_1^2}}+\frac{2\pi b_2W_0}{r_2^2}(y-L)\mathrm{e}^{-\pi\frac{(y-L)^2}{r_2^2}}+i^0(y)\cdot\cot\theta_0 \tag{4.18}$$

式中，l 为工作面走向计算长度，m；L 为工作面倾向计算长度，m；b 、b_1 、b_2 分别为工作面走向、下山、上山的水平移动系数。l 及 L 的计算式（4.19）和式（4.20），如图 4.1 所示。

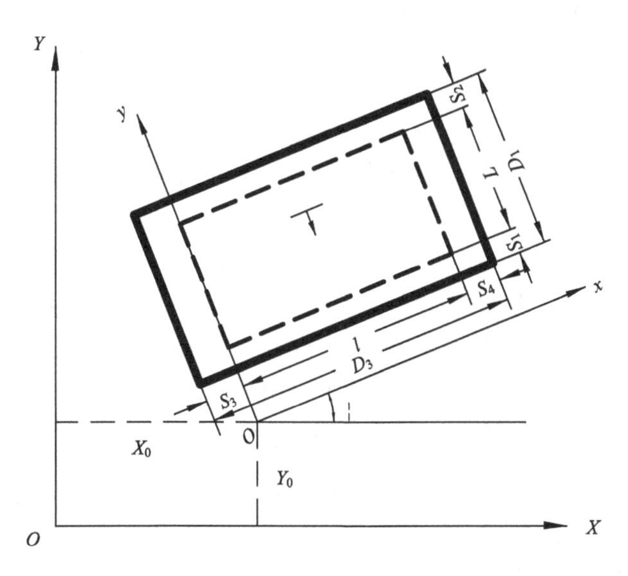

图 4.1　矩形工作面沉陷计算及坐标系统示意图

$$l = D_3 - S_3 - S_4 \tag{4.19}$$

$$l = (D_1 - S_1 - S_2)\frac{\sin(\theta_0 + \alpha)}{\sin\theta_0} \tag{4.20}$$

式中，D_3 为工作面走向实际长度，S_3、S_4 分别为左右边界的拐点偏距；D_1 为工作面倾向实际长度，S_1、S_2 分别为下山和上山方向拐点偏距；θ_0 为开采影响传播角；α 为煤层倾角。

第二节　坐标系转换

在开采沉陷预计的实际工作中，进行任意形状工作面预计时为了计算简便，系统在计算时涉及的坐标系有两类。

（1）矿区地面坐标系（图 4.1 中 XY 组成的坐标系）。

矿区地面坐标系可以采用与国家统一的大地坐标系，也可以是矿区独立坐标系，它用来标定矿区采空区、地表点的位置，目的是在进行多工作面预计时多工作面影响值的叠加统一。

（2）采区工作面坐标系（图 4.1 中 xy 组成的坐标系）。

由于采区工作面坐标系与矿区地面坐标系一般是不一致的。所以对某一工作面预计时，必须建立起该工作面的坐标系。坐标原点取工作面倾斜方向左下角点，x 轴为走向方向，y 轴正向为煤层的上山方向。坐标系如图 4.1 所示。

矿区地面坐标系与采区工作面坐标系换算公式如下：

$$x = (X - X_0)\cos\theta + (Y - Y_0)\sin\theta \tag{4.21}$$

$$y = (Y - Y_0)\cos\theta - (X - X_0)\sin\theta \tag{4.22}$$

式中，x、y 为计算点在采区工作面坐标系中的坐标；θ 为工作面坐标系 x 轴顺时针与矿区坐标系 X 轴的夹角；X、Y 为计算点在矿区坐标系中的坐标；X_0、Y_0 为采区工作面坐标系的原点在矿区坐标系中的坐标。

第三节　采区矩形工作面坐标原点的确定

地表任意点的移动与变形预计首先必须建立计算工作面坐标系。走向主断面的坐标原点设于一侧开采边界（考虑拐点偏移距后）的正上方，地表的水平线为 x 轴，指向采空区方向为正；倾向主断面的原点于下山方向计算边界，指向上山方向的 y 轴为正，计算边界与实际下山开采边界之间的平移距 S 可用下式计算：

$$S = (H_1 - S_1\sin\alpha)\cot\theta_0 - S_1\sin\alpha \tag{4.23}$$

式中，H_1 为下边界采深，m；　S_1 为下山边界的拐点偏距，m；　θ_0 为开采影响传播角，（°）；　α 为煤层倾角，（°）。

计算工作面坐标原点为：

x 方向原点为工作面实际左边界沿走向，向采空区方向移动 S_3，y 方向原点为下山方向实际工作面边界平移 S，当 S 为正值时，从实际下山边界向下山方向量取平移距，当 S 为负值时，则向上山方向量取，以确定原点位置 O，如图 4.2 所示。

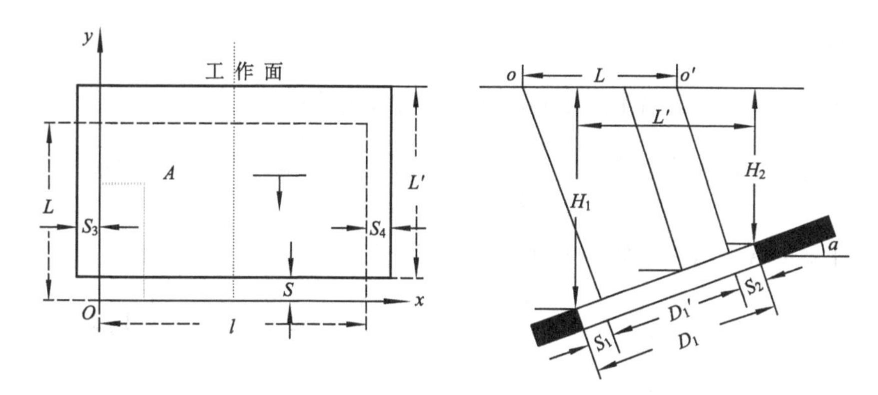

图 4.2　矩形工作面坐标系的建立

第四节　任意工作面概率积分法数学模型

对于任意形状工作面的采煤沉陷预计方法，通常采用以下三种：①传统方法是把任意形状工作面近似成矩形工作面，然后按矩形工作面的方法来预计；②将任意形状工作面划分成若干个近似成矩形的工作面，然后按矩形工作面的预计公式计算，最后将预计结果叠加作为任意形状工作面的开采预计结果；③直接积分法。

任意工作面概率积分法数学模型法，地表任意点移动与变形计算公式如下。

1. 下沉

地表任意点 A（x,y）下沉计算公式：

$$W(x,y)=w_0\iint_D \frac{1}{r^2}e^{-\pi\frac{(\eta-x)^2+(\xi-y)^2}{r^2}}\mathrm{d}\eta\mathrm{d}\xi \tag{4.24}$$

2. 倾斜

地表任意点 A（x,y）沿走向方向的倾斜值计算公式：

$$i_x(x,y)=\frac{\partial w(x,y)}{\partial x}=w_0\iint_D \frac{2\pi(\eta-x)}{r^4}e^{-\pi\frac{(\eta-x)^2+(\xi-y)^2}{r^2}}\mathrm{d}\eta\mathrm{d}\xi \tag{4.25}$$

地表任意点 A（x,y）沿倾向方向的倾斜值计算公式：

$$i_y(x,y)=\frac{\partial w(x,y)}{\partial y}=w_0\iint_D \frac{2\pi(\xi-y)}{r^4}e^{-\pi\frac{(\eta-x)^2+(\xi-y)^2}{r^2}}\mathrm{d}\eta\mathrm{d}\xi \tag{4.26}$$

地表任意点 A（x,y）沿 φ 方向的倾斜值计算公式：

$$i(x,y,\varphi)=\frac{\partial w(x,y)}{\partial x}\cos\varphi+\frac{\partial w(x,y)}{\partial y}\sin\varphi=i_x(x,y)\cos\varphi+i_y(x,y)\sin\varphi \tag{4.27}$$

3. 曲率

地表任意点 A（x,y）沿走向方向的曲率值计算公式：

$$K_x(x,y)=\frac{\partial i_x(x,y)}{\partial x}=w_0\iint_D\frac{2\pi}{r^4}\left(\frac{2\pi(\eta-x)^2}{r^2}-1\right)\mathrm{e}^{-\pi\frac{(\eta-x)^2+(\xi-y)^2}{r^2}}\mathrm{d}\eta\mathrm{d}\xi \tag{4.28}$$

地表任意点 A（x,y）沿倾向方向的曲率值计算公式：

$$K_y(x,y)=\frac{\partial i_y(x,y)}{\partial x}=w_0\iint_D\frac{2\pi}{r^4}(\frac{2\pi(\xi-y)^2}{r^2}-1)\mathrm{e}^{-\pi\frac{(\eta-x)^2+(\xi-y)^2}{r^2}}\mathrm{d}\eta\mathrm{d}\xi \tag{4.29}$$

地表任意点 A（x,y）沿 φ 方向的曲率值计算公式：

$$K(x,y,\varphi)=K_x(x,y)\cos^2\varphi+K_y(x,y)\sin^2\varphi+S(x,y)\sin 2\varphi \tag{4.30}$$

扭曲变形 S（x,y）：

$$S(x,y)=W_0\cdot\iint_D\frac{4\pi^2(\eta-x)(\xi-y)}{r^6}\mathrm{e}^{-\pi\frac{(\eta-x)^2+(\xi-y)^2}{r^2}}\mathrm{d}\eta\,\mathrm{d}\xi \tag{4.31}$$

4. 水平移动

地表任意点 A（x,y）沿走向方向的水平移动计算公式：

$$U_x(x,y)=bw_0\iint_D\frac{2\pi(\eta-x)}{r^3}\mathrm{e}^{-\pi\frac{(\eta-x)^2+(\xi-y)^2}{r^2}}\mathrm{d}\eta\mathrm{d}\xi \tag{4.32}$$

地表任意点 A（x,y）沿倾向方向的水平移动计算公式：

$$U_y(x,y)=bw_0\iint_D\frac{2\pi(\xi-y)}{r^3}\mathrm{e}^{-\pi\frac{(\eta-x)^2+(\xi-y)^2}{r^2}}\mathrm{d}\eta\mathrm{d}\xi+W(x,y)\cot\theta_0 \tag{4.33}$$

地表任意点 A（x,y）沿 φ 方向的水平移动计算公式：

$$U(x,y,\varphi)=U_x(x,y)\cos\varphi+U_y(x,y)\sin\varphi \tag{4.34}$$

5. 水平变形

地表任意点 A（x,y）沿走向方向的水平变形计算公式：

$$\varepsilon_x(x,y)=bw_0\iint_D\frac{2\pi}{r^3}\left(\frac{2\pi(\eta-x)^2}{r^2}-1\right)\mathrm{e}^{-\pi\frac{(\eta-x)^2+(\xi-y)^2}{r^2}}\mathrm{d}\eta\mathrm{d}\xi \tag{4.35}$$

地表任意点 A（x,y）沿倾向方向的水平变形计算公式：

$$\varepsilon_y(x,y)=bw_0\iint_D\frac{2\pi}{r^3}\left(\frac{2\pi(\xi-y)^2}{r^2}-1\right)\mathrm{e}^{-\pi\frac{(\eta-x)^2+(\xi-y)^2}{r^2}}\mathrm{d}\eta\mathrm{d}\xi+i_y(x,y)\cot\theta_0 \tag{4.36}$$

地表任意点 A（x,y）沿 φ 方向的水平变形计算公式：

$$\varepsilon(x,y,\varphi)=\varepsilon_x(x,y)\cos^2\varphi+\varepsilon_y(x,y)\sin^2\varphi+\frac{1}{2}\gamma(x,y)\sin 2\varphi \tag{4.37}$$

剪切应变 γ（x,y）：

$$\gamma(x,y)=2bW_0\cdot\iint_D\frac{4\pi^2(\eta-x)(\xi-y)}{r^5}\mathrm{e}^{-\pi\frac{(\eta-x)^2+(\xi-y)^2}{r^2}}\mathrm{d}\eta\mathrm{d}\xi+i_x(x,y)\cot\theta_0 \tag{4.38}$$

式中，φ 为从 x 轴的正方向逆时针计算到指定方向的角度值；x、y 为计算点相对坐标（考虑拐点偏移距）；W_0 为地表充分采动时的最大下沉值；θ_0 为开采影响传播角；D 为开采区域。

第五节　任意工作面计算区域的确定及坐标变换

一、任意工作面计算区域的确定

工作面计算区域并非开采工作面的实际角点坐标所圈定的区域，考虑到拐点偏移距的存在，对实际工作面区域应进行变换，变换后的坐标圈定的区域为计算工作面，示意图如图 4. 3 所示。角点 1、2、3、4、5 组成的区域为实际开采工作面，角点 1′、2′、3′、4′、5′ 组成的区域为考虑拐点偏移距后的计算工作面，计算中应首先进行工作面坐标的转换。

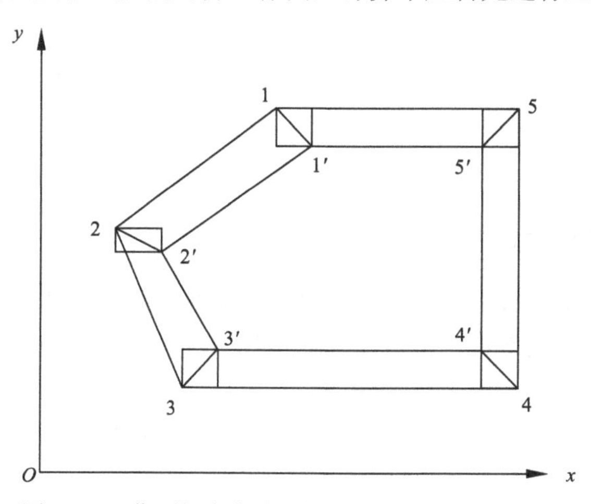

图 4.3　工作面拐点偏移距的确定及坐标变换示意图

二、坐标系的建立和变换

在开采沉陷预计的实际工作中，进行任意形状工作面预计时为了计算简便，系统在计算时涉及的坐标系有三类。

（一）矿区地面坐标系

矿区地面坐标系可以采用与国家统一的大地坐标系，也可以采用矿区独立坐标系，它用来标定矿区采空区、地表点的位置，目的是在进行多工作面预计时多工作面影响值的叠加统一。

（二）采区工作面坐标系

由于工作面坐标系与矿区地面坐标系一般是不一致的，所以对每一工作面预计时，必须建立该工作面的坐标系，坐标原点可以选取沿工作面倾斜方向左下角点，x 轴为走向方向，y 轴正向为煤层的上山方向，如图 4.4 所示。

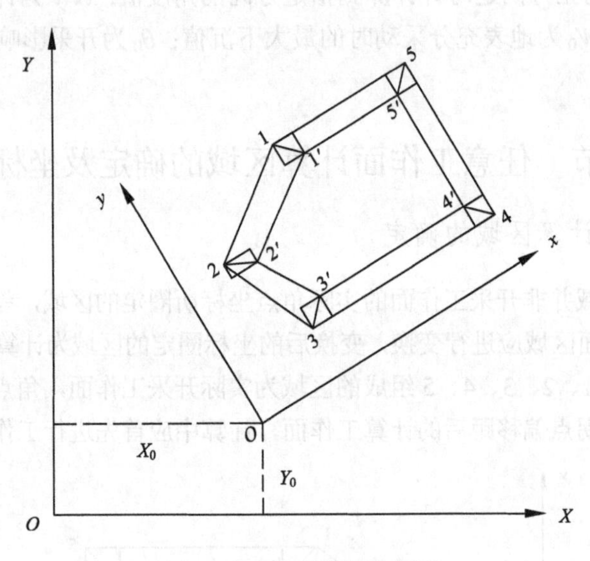

图 4.4　坐标系转换示意图

（三）局部工作面坐标系

在任意形状工作面预计时，每一个划分后的微小矩形工作面预计计算采用的坐标系为局部工作面坐标系。其轴向与采区工作面坐标系轴向一致，他们之间的坐标换算仅涉及坐标的平移。

由于在进行任意形状工作面预计计算时涉及以上三种坐标系统，所以在计算过程中涉及大量的坐标换算工作。

矿区地面坐标系与工作面坐标系之间的转换关系可采用式（4.21）和式（4.22）计算。局部工作面坐标系与采区工作面坐标系的转换仅涉及坐标的平移：

$$x' = x - x_0 \tag{4.39}$$

$$y' = y - y_0 \tag{4.40}$$

式中，x、y 为计算点在采区工作面坐标系中的坐标；x'、y'为计算点在局部工作面坐标系中的坐标；x_0、y_0 为局部工作面坐标原点在采区工作面坐标系中的坐标。

三、拐点偏移距的计算

为确定任意形状工作面的拐点偏移距，作如下设定（周万茂等，2000）：

（1）坐标系取 X 轴沿工作面走向，Y 轴沿工作面倾向并指向上山方向；

（2）任意形状工作面每个角点的拐点移动距可用两个方向的偏移距 S_x、S_y 表示，其中 S_x 为沿煤层走向的偏移距，S_y 为沿煤层倾向的偏移距；

（3）S_x、S_y 沿相应坐标轴正方向移动为正，反之为负；

（4）任意形状工作面各角点的计算坐标为角点实际坐标加拐点偏移距，其中 x 坐标加 S_x，y 坐标加 S_y；

（5）连接各计算角点所成多边形为计算工作面；

（6）各角点的拐点偏移距与采深成正比关系，$S = KH$，其中 K 为拐点偏移距比例系数，与采动充分程度有关，$K = S/H$。

（一）走向拐点偏移距的计算

任意形状工作面走向方向存在比例系数 K_1、K_2。走向（x 向）坐标值最小角点的走向拐点比例系数为 K_1，走向坐标值最大角点的走向拐点比例系数为 K_2，中间各角点的走向拐点比例系数按下式进行线性插值：

$$K_x = \frac{X - X_{\min}}{X_{\max} - X_{\min}}(K_2 - K_1) + K_1 \tag{4.41}$$

式中，K_x 为某角点的走向拐点移动距比例系数；$X_{\min}$ 为走向坐标最小角点的 x 坐标值；$X_{\max}$ 为走向坐标最大角点的 x 坐标值；X 为走向中间某角点的 x 坐标，$X_{\min} < X < X_{\max}$。

各角点走向方向的拐点移动距为 S_x，即该点采深 H 与其相应比例系数 K_x 的乘积，即

$$S_x = K_x H \tag{4.42}$$

（二）倾向拐点偏移距的计算

同样，任意形状工作面倾向存在两个比例系数 K_3、K_4。倾向（y 向）坐标值最大角点的比例系数为 K_3，倾向坐标值最小角点的比例系数为 K_4，中间各角点的倾向拐点比例系数按下式进行线性插值:

$$K_y = \frac{Y - Y_{\min}}{Y_{\max} - Y_{\min}}(K_3 - K_4) + K_4 \tag{4.43}$$

式中，K_y 为某角点的走向拐点移动距比例系数；$Y_{\min}$ 为走向坐标最小角点的 y 坐标值；$Y_{\max}$ 为走向坐标最大角点的 y 坐标值；Y 为走向中间某角点的 y 坐标，$Y_{\min} < Y < Y_{\max}$。

各角点倾向方向的拐点移动距为 S_y，即该点采深 H 与其相应比例系数 K_y 的乘积，即

$$S_y = K_y H \tag{4.44}$$

实际计算中，K_1、K_2、K_3、K_4 需根据矿区观测资料确定，也可采用经验值。

第六节　任意工作面直接积分法开采区域的处理

从预计式（4.24）～式（4.38）得知，开采沉陷各指标的预计计算主要是进行二重积分运算，因而在程序中可采用直接积分的方法来处理，这样只要给出被积函数的形式及积分上下限就可以了。数值积分采用二重变步长辛卜生法求积方法，被积函数就是预计公式中被积函数，积分上下限与开采区域有关，而如何确定积分上下限是关键（张兵、崔希民，2009）。

考虑开采区域 D 为任意多边形，为了确定积分上下限，可从工作面坐标原点（如图 4. 5 中点 1）出发分别连接工作面的其他各点，将整个区域划分成若干个三角形，每个三角形积分时分别按逆时针方向在每一个三角形上进行，而每个三角形是由三条边组成，为了积分的方便，将每个三角形再划成两个顶点具有相同的 x 值的三角形，为了保证所划的三角形尽量在开采区域 D 内，可以将三角形的三个顶点按 x 坐标值的大小排序，从 x 坐标值位于中间的那个顶点作 x 轴的垂线，与该点对边有一个交点，此三角形被分成两个小的三角形，如△123，从点 2 作 x 轴的垂线，与边 13 交于点 2′，△123 被划分成两个三角形△122′和△22′3，这样处理后，积分的上下限即可确定，即在△122′区域内，积分区域为 $x_1 \to x_2, y_1(x)=\dfrac{y_2-y_1}{x_2-x_1}(x-x_1)+y_1 \to y_2(x)=\dfrac{y_3-y_1}{x_3-x_1}(x-x_1)+y_1$，在△22′3 区域内，积分区域为 $x_2 \to x_3$，$y_1(x)=\dfrac{y_2-y_3}{x_2-x_3}(x-x_2)+y_2 \to y_2(x)=\dfrac{y_3-y_1}{x_3-x_1}(x-x_1)+y_1$。

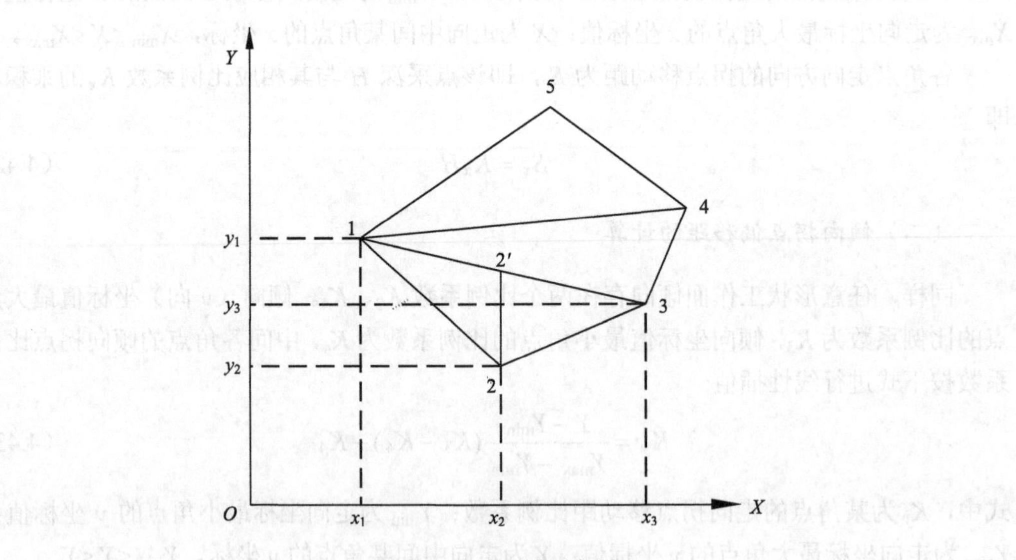

图 4.5　积分区域示意图

对凹多边形可人为预先划分成若干凸多边形进行叠加处理。

第七节　等价计算工作面坐标变换

一、等价计算工作面的转换

缓倾斜煤层（a<15°）适用于概率积分法计算开采沉陷变形值，对于开采倾斜煤层（a>15°）和急倾斜煤层（a<75°）地表下沉盆地的移动和变形值时，原来的概率积分法有较大误差，《建筑物、水体、铁路及主要井巷煤柱留设与压煤开采规程》对此问题进行了处理。根据计算点的相对位置，将倾斜工作面转换为一等价的计算工作面，并以等价工作面的采深等代替 H_z、H_1 和 H_2。

等价计算工作面的转换与计算点的位置有关，也就是说，每一个计算点都对应于一个不同的等价计算工作面，等价计算工作面的各角点为实际工作面各角点与计算点的连线在计算点影响采深平面上的交点沿影响传播方向投影到地表的对应点。

由于经过等价转换的计算工作面一般为非矩形工作面，地表移动与变形的计算可采用任意形状的面积分计算公式。

二、等价计算工作面各角点坐标的确定

如图 4.6 所示，C''就是角点 C_1 的投影点。其他各角点坐标的计算类似，采用下列公式即可计算。各投影点的连线即为等价计算工作面。

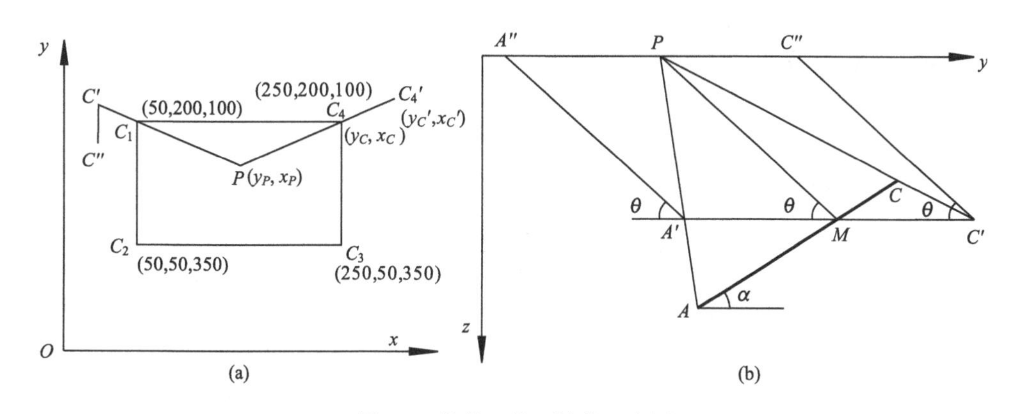

图 4.6　等价工作面转换示意图

已知条件：P 为地表任意计算点，坐标为 P（x_P，y_P，0），AC 为倾斜煤层，A、C 为边界角点，C 点坐标已知，坐标为 C（x_C，y_C，z_C），煤层倾角为 α，影响传播角 θ 均为已知值，根据已知条件，θ=90°−$k\alpha$。

求一水平面与煤层相交于 M 点，使得 PM 与水平面交线的夹角为 θ，确定 M 点的 z 坐标 z_M，连线 PC 交水平面延长线于 C'点，将 C'点沿 θ 角向 Y 轴负方向投影，与地面（y 轴）相交于 C''点，确定该点坐标。

推导过程如下：

（1）写出 AC 的方程：

$$y = y_C + \frac{z_C - z}{\tan\alpha} \tag{4.45}$$

（2）写出 PM 的方程：

$$y = y_P + z \cdot \cot\theta \tag{4.46}$$

（3）解式（4.45）、式（4.46）的联立方程，解出 M 点的坐标（y_M, z_M）：

$$z_M = \frac{y_C - y_P + z_C \cdot \cot\alpha}{\cot\theta + \cot\alpha} \tag{4.47}$$

$$y_M = y_P + \frac{\cot\theta(y_C - y_P + z_C \cdot \cot\alpha)}{\cot\theta + \cot\alpha} \tag{4.48}$$

（4）写出 PC 的方程，求出 C'点 y 坐标 $y_{C'}$：

$$y_{C'} = \frac{z(y_C - y_P)}{z_C} + y_P \tag{4.49}$$

将式（4.47）计算出的 $z_M = z$ 坐标代入即可求出 C'点的坐标（$y_{C'}, z_{C'}$）。

（5）写出 $C'C''$的方程，地表 C''的 z 坐标为 0，求出 C''的 y 坐标 $y_{C''}$。

$$y_{C''} = \frac{y_{C'}\tan\theta - z_M}{\tan\theta} \tag{4.50}$$

（6）C 角点 x 坐标的变换求解：

因为 $x_{C'} = x_{C''}$，所以，

$$\frac{y_{C'} - y_C}{x_{C'} - x_C} = \frac{y_C - y_P}{x_C - x_P}$$

整理得 C''角点 x 坐标 $x_{C''}$：

$$x_{C''} = \frac{x_C(y_C - y_P) + (y_{C'} - y_C)(x_C - x_P)}{y_C - y_P} \tag{4.51}$$

至此，推导出 C''角点的（x，y）坐标为

$$\left(x_{C''} = \frac{x_C(y_C - y_P) + (y_{C'} - y_C)(x_C - x_P)}{y_C - y_P},\quad y_{C''} = \frac{y_C\tan\theta - z_M}{\tan\theta}\right) \tag{4.52}$$

给定工作面任意一个角点坐标（x_0, y_0, z_0），煤层的倾角 α，确定其他任意角点（x, y）的煤层埋深 z 的坐标。

工作面中任意点（x, y）的深度坐标 z，实际上是通过已知点（x_0, y_0）平行于 y 轴的倾向线上坐标为（x_0, y）处的 z 坐标（相同走向线上高程一致）。根据此原理，可推导出工作面中任意点（x, y）的深度坐标 z，如图 4.7 所示。

$$\tan\alpha = \frac{z_0 - z}{y - y_0}$$

$$z = z_0 + (y_0 - y)\tan\alpha \tag{4.53}$$

给定任意点的坐标（x, y）将 y 值代入公式（4.53）即可计算出相应点的煤层埋深 z 值。

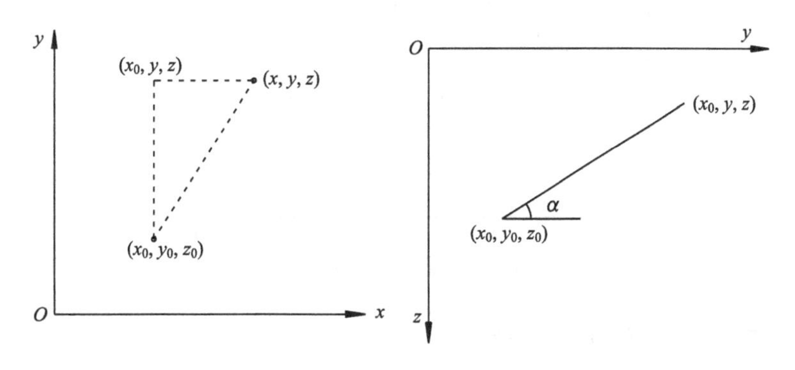

图 4.7　工作面中任意点（x, y）的深度坐标 z 推算

计算例题：

某矩形工作面采掘工作面角点编号为 C1、C2、C3、C4，角点坐标分别为 C1（50，200）、C2（50，50）、C3（250，50）、C4（250，200），煤层倾角 a 为 45°，影响传播系数 k 为 0.8，计算地表 P（150，150）点形成的等价计算工作面的角点坐标。

用 excel 计算得出的各角点的坐标如图 4.8 所示。

P点坐标		角点编号	工作面角点 C 坐标			传播角 θ =90-kα	煤层倾角 α	确定的水平面深度	求出 C'坐标 $y_{c'}$	求出 C''坐标 $y_{c''}$	投影后对应角点的 x''坐标
x	y	注：给定C1坐标z_0	x	y	$z=z_0+(y_0-y)tg\alpha$	θ	α	$z_M=\frac{y_c-y_p+z_c ctga}{ctg\theta+ctga}$	$y_{c'}=\frac{z(y_c-y_p)}{z_c}+y_p$	$y_{c''}=\frac{y_{c'}tg\theta-z_M}{tg\theta}$	$x_{c'}=\frac{x_c(y_c-y_p)+(y_{c'}-y_c)(x_c-x_p)}{y_c-y_p}$
150	150	C1	50	200	200	54	45	144.798055	186.1995138	80.9975688	77.60097248
150	150	C2下山	50	50	350	54	45	144.798055	108.6291271	3.427182172	108.6291271
150	150	C3下山	250	50	350	54	45	144.798055	108.6291271	3.427182172	191.3708729
150	150	C4	250	200	200	54	45	144.798055	186.1995138	80.9975688	222.3990275

图 4.8　等价计算工作面角点坐标计算例题

第八节　利用 Simpson 数值积分求解沉陷变形值

一、复化 Simpson 公式

如图 4.9 所示，设等间距节点 $x_k=a+kh$，$k=0, 1, \cdots, 2M$，将区间$[a,b]$划分为宽度为 $h=(b-a)/(2M)$ 的 $2M$ 个（$2M=n$）等间距子区间$[x_k, x_{k+1}]$。M 个子区间$[x_k, x_{k+2}]$上的组合 Simpson 公式如下：

$$S_n=\frac{h}{3}\left[f(a)+f(b)+2\sum_{k=1}^{M-1}f(x_{2k})+4\sum_{k=1}^{M}f(x_{2k-1})\right] \tag{4.54}$$

它们是区间$[a,b]$上 $f(x)$ 积分的逼近，记为

$$\int_a^b f(x)\mathrm{d}x \approx S(f,h) \tag{4.55}$$

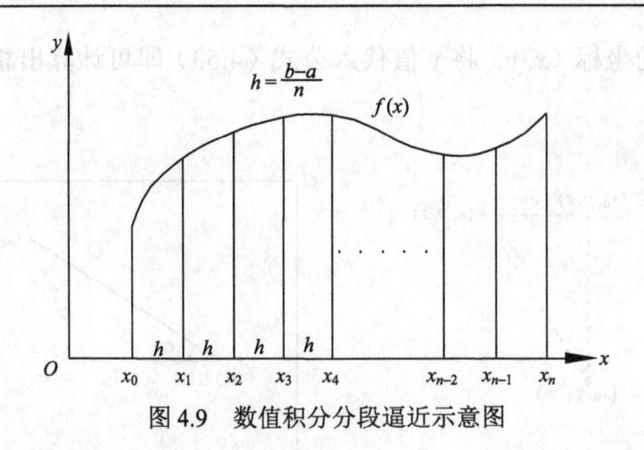

图 4.9　数值积分分段逼近示意图

二、概率积分法二重积分数值解推导

根据图 4.10，考虑二重积分：

$$I = \iint\limits_{\substack{x_1 \leqslant x \leqslant x_2 \\ a(x) \leqslant b(x)}} f(x, y)\mathrm{d}x\mathrm{d}y \tag{4.56}$$

式（4.56）是 x_1、x_2 上的连续函数，且 $b(x) \geqslant a(x)$，记为

$$g(x) = \int_{a(x)}^{b(x)} f(x, y)\mathrm{d}y \tag{4.57}$$

于是二重积分 I 的解为

$$I = \int_{x_1}^{x_2} g(x)\mathrm{d}x \tag{4.58}$$

分别利用复化 Simpson 公式（4.54），解出式（4.57）、式（4.58），即可得到二重积分的数值解。

根据第六章第六节任意工作面概率积分法的求解原理，设定将任意工作面划分为具有一边为垂直坐标 x 轴的三角形（$x_1=x_3$）（图 4.10），利用该三角形进行概率积分法预计公式的数值积分求解，最后进行叠加即可。

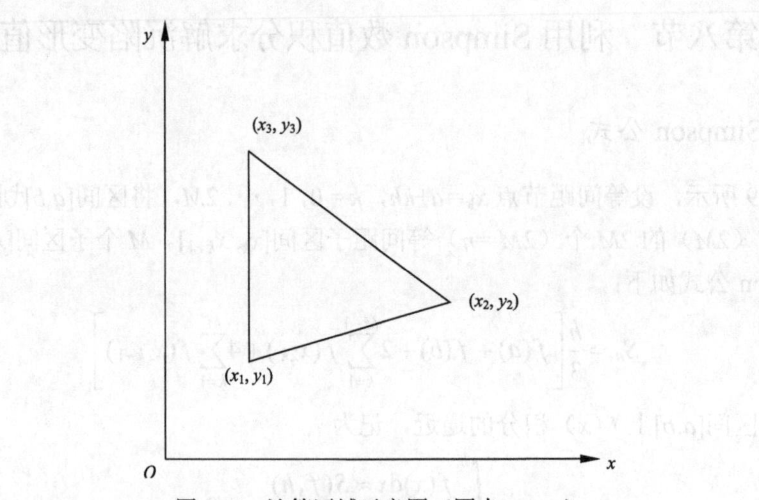

图 4.10　计算区域示意图（图中 $x_1=x_3$）

（一）地表任意点下沉 $W(x_0,y_0)$ 计算公式

$$W(x_0,y_0)=w_0\iint_D\frac{1}{r^2}\mathrm{e}^{-\pi\frac{(x-x_0)^2-(y-y_0)^2}{r^2}}\mathrm{d}x\mathrm{d}y \tag{4.59}$$

根据图 4.10，可将式（4.59）化解为二次积分：

$$W(x_0,y_0)=w_0\iint_D\frac{1}{r^2}\mathrm{e}^{-\pi\frac{(x-x_0)^2+(y-y_0)^2}{r^2}}\mathrm{d}x\mathrm{d}y=w_0\int_{x_1}^{x_2}\frac{1}{r^2}\mathrm{e}^{-\pi\frac{(x-x_0)^2}{r^2}}\mathrm{d}x\cdot\int_a^b e^{-\pi\frac{(y-y_0)^2}{r^2}}\mathrm{d}y \tag{4.60}$$

式中，$b=y_2+\dfrac{(x-x_2)(y_3-y_2)}{x_3-x_2}$，$a=y_1+\dfrac{(x-x_1)(y_2-y_1)}{x_2-x_1}$。

首先针对 y 进行积分，给出 $n=2M$ 的值，计算出 $h=(y_3-y_1)/n$。$y_k=y_1+kh$，$k=0,1,\cdots,2M$。令 $f(y)=\mathrm{e}^{-\pi\frac{(y-y_0)^2}{r^2}}$，求积分：

$$S_n(x)=\int_a^b\mathrm{e}^{-\pi\frac{(y-y_0)^2}{r^2}}\mathrm{d}y \tag{4.61}$$

根据复化 Simpson 公式得

$$S_n(x)=\frac{h}{3}[(f(a)+f(b)+2\sum_{k=1}^{M-1}f(y_{2k})+4\sum_{k=1}^{M}f(y_{2k-1})] \tag{4.62}$$

将解出的 $S_n(x)$ 代入式（4.60）得

$$W(x_0,y_0)=w_0\int_{x_1}^{x_2}\frac{1}{r^2}\mathrm{e}^{-\pi\frac{(x-x_0)^2}{r^2}}\cdot S_n(x)\mathrm{d}x \tag{4.63}$$

针对式（4.63），给出 $n=2M$ 的值（为计算方便，可选相同 n 值，但计算出的 h 值是不一样的），计算出 $h=(x_2-x_1)/n$，$x_k=x_1+kh$，$k=0,1,\cdots,2M$。

令 $f(x)=\dfrac{1}{r^2}\mathrm{e}^{-\pi\frac{(x-x_0)^2}{r^2}}\cdot S_n(x)$，求积分：

$$W(x_0,y_0)=w_0\int_{x_1}^{x_2}\frac{1}{r^2}\mathrm{e}^{-\pi\frac{(x-x_0)^2}{r^2}}\cdot S_n(x)\mathrm{d}x \tag{4.64}$$

利用复化 Simpson 公式，得到地表任一点的下沉值：

$$W(x_0,y_0)=w_0\cdot\frac{h}{3}[f(x_1)+f(x_2)+2\sum_{k=1}^{M-1}f(x_{2k})+4\sum_{k=1}^{M}f(x_{2k-1})] \tag{4.65}$$

（二）倾斜值的计算

（1）地表任意点沿走向方向的倾斜值计算公式：

$$i_x(x_0,y_0)=w_0\iint_D\frac{2\pi(x-x_0)}{r^4}\mathrm{e}^{-\pi\frac{(x-x_0)+(y-y_0)^2}{r^2}}\mathrm{d}x\mathrm{d}y \tag{4.66}$$

根据图 4. 10，可将式（4.66）化解为二次积分：

$$i_x(x_0,y_0)=w_0\iint_D \frac{2\pi(x-x_0)}{r^4}e^{-\pi\frac{(x-x_0)+(y-y_0)^2}{r^2}}dxdy=w_0\int_{x_1}^{x_2}\frac{2\pi(x-x_0)}{r^4}\cdot e^{-\pi\frac{(x-x_0)^2}{r^2}}dx\int_a^b e^{-\pi\frac{(y-y_0)^2}{r^2}}dy \tag{4.67}$$

式中，$b=y_2+\dfrac{(x-x_2)(y_3-y_2)}{x_3-x_2}$，$a=y_1+\dfrac{(x-x_1)(y_2-y_1)}{x_2-x_1}$。

解题步骤类同 W（x_0,y_0）下沉值的计算，首先针对 y 进行积分，给出 $n=2M$ 的值，计算出 $h=$（y_3–y_1）/n。$y_k=y_1+kh$，$k=0, 1, \cdots, 2M$。

令 $f(y)=e^{-\pi\frac{(y-y_0)^2}{r^2}}$，求积分：

$$S_n(x)=\int_a^b e^{-\pi\frac{(y-y_0)^2}{r^2}}dy \tag{4.68}$$

根据复化 Simpson 公式得

$$S_n(x)=\frac{h}{3}[(f(a)+f(b)+2\sum_{k=1}^{M-1}f(y_{2k})+4\sum_{k=1}^{M}f(y_{2k-1})] \tag{4.69}$$

将 S_n（x）代入式（4.67）得

$$i_x(x_0,y_0)=w_0\int_{x_1}^{x_2}\frac{2\pi(x-x_0)}{r^4}\cdot e^{-\pi\frac{(x-x_0)^2}{r^2}}\cdot S_n(x)dx \tag{4.70}$$

针对该式，重复利用复化 Simpson 公式，给出 $n=2M$ 的值，计算出 $h=$（x_2–x_1）/n，$x_k=x_1+kh$，$k=0, 1, \cdots, 2M$。

令 $f(x)=\dfrac{2\pi(x-x_0)}{r^4}e^{-\pi\frac{(x-x_0)^2}{r^2}}\cdot S_n(x)$，求积分：

$$i_x(x_0,y_0)=w_0\int_{x_1}^{x_2}\frac{2\pi(x-x_0)}{r^4}\cdot e^{-\pi\frac{(x-x_0)^2}{r^2}}\cdot S_n(x)dx \tag{4.71}$$

根据复化 Simpson 公式得

$$i_x(x_0,y_0)=w_0\cdot\frac{h}{3}[f(x_1)+f(x_2)+2\sum_{k=1}^{M-1}f(x_{2k})+4\sum_{k=1}^{M}f(x_{2k-1})] \tag{4.72}$$

（2）地表任意点沿倾向方向的倾斜值计算公式：

$$i_y(x_0,y_0)=w_0\iint_D\frac{2\pi(y-y_0)}{r^4}\cdot e^{-\pi\frac{(x-x_0)^2+(y-y_0)^2}{r^2}}dxdy \tag{4.73}$$

根据图 4. 10，可将式（4.73）化解为二次积分：

$$\begin{aligned}i_y(x_0,y_0)&=w_0\iint_D\frac{2\pi(y-y_0)}{r^4}e^{-\pi\frac{(x-x_0)^2+(y-y_0)^2}{r^2}}dxdy\\&=w_0\int_{x_1}^{x_2}e^{-\pi\frac{(x-x_0)^2}{r^2}}dx\int_a^b\frac{2\pi(y-y_0)}{r^4}e^{-\pi\frac{(y-y_0)^2}{r^2}}dy\end{aligned} \tag{4.74}$$

式中，$b = y_2 + \dfrac{(x - x_2)(y_3 - y_2)}{x_3 - x_2}$，$a = y_1 + \dfrac{(x - x_1)(y_2 - y_1)}{x_2 - x_1}$。

首先针对 y 进行积分，给出 $n=2M$ 的值，计算出 $h=(y_3-y_1)/n$。$y_k=y_1+kh$，$k=0$，1，…，$2M$。

令 $f(y) = \dfrac{2\pi(y - y_0)}{r^4} e^{-\pi\frac{(y-y_0)^2}{r^2}}$，求积分：

$$S_n(x) = \int_a^b \frac{2\pi(y - y_0)}{r^4} e^{-\pi\frac{(y-y_0)^2}{r^2}} dy \tag{4.75}$$

根据复化 Simpson 公式得

$$S_n(x) = \frac{h}{3}[(f(a) + f(b) + 2\sum_{k=1}^{M-1} f(y_{2k}) + 4\sum_{k=1}^{M} f(y_{2k-1})] \tag{4.76}$$

将 S_n（x）代入式（4.74），得

$$i_y(x_0, y_0) = w_0 \int_{x_1}^{x_2} e^{-\pi\frac{(x-x_0)^2}{r^2}} \cdot S_n(x) dx \tag{4.77}$$

针对式（4.77），给出 $n=2M$ 的值，计算出 $h=(x_2-x_1)/n$，$x_k=x_1+kh$，$k=0$，1，…，$2M$。令 $f(x) = e^{-\pi\frac{(x-x_0)^2}{r^2}} \cdot S_n(x)$，求积分：

$$i_y(x_0, y_0) = w_0 \int_{x_1}^{x_2} e^{-\pi\frac{(x-x_0)^2}{r^2}} \cdot S_n(x) dx \tag{4.78}$$

根据复化 Simpson 公式得

$$i_y(x_0, y_0) = w_0 \cdot \frac{h}{3}[f(x_1) + f(x_2) + 2\sum_{k=1}^{M-1} f(x_{2k}) + 4\sum_{k=1}^{M} f(x_{2k-1})] \tag{4.79}$$

（三）地表任意点曲率值计算公式

（1）地表任意点沿走向方向的曲率值计算公式：

$$K_x(x_0, y_0) = \frac{\partial i_x(x, y)}{\partial x} = w_0 \iint_D \frac{2\pi}{r^4}\left[\frac{2\pi(x - x_0)^2}{r^2} - 1\right] \cdot e^{-\pi\frac{(x-x_0)^2+(y-y_0)^2}{r^2}} dxdy \tag{4.80}$$

根据图 4.10，可将式（4.80）化解为二次积分：

$$\begin{aligned} K_x(x_0, y_0) &= w_0 \iint_D \frac{2\pi}{r^4}\left[\frac{2\pi(x - x_0)^2}{r^2} - 1\right] \cdot e^{-\pi\frac{(x-x_0)^2+(y-y_0)^2}{r^2}} dxdy \\ &= w_0 \int_{x_1}^{x_2} \frac{2\pi}{r^4}\left[\frac{2\pi(x - x_0)^2}{r^2} - 1\right] e^{-\pi\frac{(x-x_0)^2}{r^2}} dx \int_a^b e^{-\pi\frac{(y-y_0)^2}{r^2}} dy \end{aligned} \tag{4.81}$$

式中，$b = y_2 + \dfrac{(x - x_2)(y_3 - y_2)}{x_3 - x_2}$，$a = y_1 + \dfrac{(x - x_1)(y_2 - y_1)}{x_2 - x_1}$。

首先针对 y 进行积分，给出 $n=2M$ 的值，计算出 $h=(y_3-y_1)/n$。$y_k=y_1+kh$，$k=0$，1，…，$2M$。

令 $f(y)=\mathrm{e}^{-\pi\frac{(y-y_0)^2}{r^2}}$，求积分：

$$S_n(x)=\int_a^b \mathrm{e}^{-\pi\frac{(y-y_0)^2}{r^2}}\mathrm{d}y \tag{4.82}$$

根据复化 Simpson 公式得

$$S_n(x)=\frac{h}{3}[(f(a)+f(b)+2\sum_{k=1}^{M-1}f(y_{2k})+4\sum_{k=1}^{M}f(y_{2k-1})] \tag{4.83}$$

将 S_n（x）代入式（4.81），得

$$K_x(x_0,y_0)=w_0\int_{x_1}^{x_2}\frac{2\pi}{r^4}\left[\frac{2\pi(x-x_0)^2}{r^2}-1\right]\cdot\mathrm{e}^{-\pi\frac{(x-x_0)^2}{r^2}}\cdot S_n(x)\mathrm{d}x \tag{4.84}$$

针对式（4.84），给出 $n=2M$ 的值，计算出 $h=$（x_2-x_1）$/n$，$x_k=x_1+kh$，$k=0$，1，⋯，$2M$。

令 $f(x)=\frac{2\pi}{r^4}\left[\frac{2\pi(x-x_0)^2}{r^2}-1\right]\mathrm{e}^{-\pi\frac{(x-x_0)^2}{r^2}}\cdot S_n(x)$，求积分：

$$K_x(x_0,y_0)=w_0\int_{x_1}^{x_2}\frac{2\pi}{r^4}\left[\frac{2\pi(x-x_0)^2}{r^2}-1\right]\cdot\mathrm{e}^{-\pi\frac{(x-x_0)^2}{r^2}}\cdot S_n(x)\mathrm{d}x \tag{4.85}$$

利用复化 Simpson 公式得

$$K_x(x_0,y_0)=w_0\cdot\frac{h}{3}[f(x_1)+f(x_2)+2\sum_{k=1}^{M-1}f(x_{2k})+4\sum_{k=1}^{M}f(x_{2k-1})] \tag{4.86}$$

（2）地表任意点沿倾向方向的曲率值计算公式：

$$K_y(x_0,y_0)=\frac{\partial i_y(x,y)}{\partial y}=w_0\iint_D\frac{2\pi}{r^4}\left[\frac{2\pi(y-y_0)^2}{r^2}-1\right]\mathrm{e}^{-\pi\frac{(x-x_0)^2+(y-y_0)^2}{r^2}}\mathrm{d}x\mathrm{d}y \tag{4.87}$$

根据图 4.10，可将式（4.87）化解为二次积分：

$$\begin{aligned}K_y(x_0,y_0)&=w_0\iint_D\frac{2\pi}{r^4}\left[\frac{2\pi(y-y_0)^2}{r^2}-1\right]\mathrm{e}^{-\pi\frac{(x-x_0)^2+(y-y_0)^2}{r^2}}\mathrm{d}x\mathrm{d}y\\&=w_0\int_{x_1}^{x_2}\mathrm{e}^{-\pi\frac{(x-x_0)^2}{r^2}}\mathrm{d}x\int_a^b\frac{2\pi}{r^4}\left[\frac{2\pi(y-y_0)^2}{r^2}-1\right]\mathrm{e}^{-\pi\frac{(y-y_0)^2}{r^2}}\mathrm{d}y\end{aligned} \tag{4.88}$$

式中，$b=y_2+\frac{(x-x_2)(y_3-y_2)}{x_3-x_2}$，$a=y_1+\frac{(x-x_1)(y_2-y_1)}{x_2-x_1}$。

首先针对 y 进行积分，给出 $n=2M$ 的值，计算出 $h=$（y_3-y_1）$/n$。$y_k=y_1+kh$，$k=0$，1，⋯，$2M$。

令 $f(y)=\frac{2\pi}{r^4}\left[\frac{2\pi(y-y_0)^2}{r^2}-1\right]\mathrm{e}^{-\pi\frac{(y-y_0)^2}{r^2}}$，求积分：

$$S_n(x)=\int_a^b\frac{2\pi}{r^4}\left[\frac{2\pi(y-y_0)^2}{r^2}-1\right]\mathrm{e}^{-\pi\frac{(y-y_0)^2}{r^2}}\mathrm{d}y \tag{4.89}$$

根据复化 Simpson 公式得

$$S_n(x)=\frac{h}{3}[(f(a)+f(b)+2\sum_{k=1}^{M-1}f(y_{2k})+4\sum_{k=1}^{M}f(y_{2k-1})] \tag{4.90}$$

将 S_n（x）代式（4.88），得

$$K_y(x_0,y_0)=w_0\int_{x_1}^{x_2}\mathrm{e}^{-\pi\frac{(x-x_0)^2}{r^2}}S_n(x)\mathrm{d}x \tag{4.91}$$

针对式（4.91），给出 $n=2M$ 的值，计算出 $h=$（x_2-x_1）$/n$，$x_k=x_1+kh$，$k=0, 1, \cdots, 2M$。

令 $f(x)=\mathrm{e}^{-\pi\frac{(x-x_0)^2}{r^2}}\cdot S_n(x)$，求积分：

$$K_y(x_0,y_0)=w_0\int_{x_1}^{x_2}\mathrm{e}^{-\pi\frac{(x-x_0)^2}{r^2}}\cdot S_n(x)\mathrm{d}x \tag{4.92}$$

根据复化 Simpson 公式得

$$K_y(x_0,y_0)=w_0\cdot\frac{h}{3}[f(x_1)+f(x_2)+2\sum_{k=1}^{M-1}f(x_{2k})+4\sum_{k=1}^{M}f(x_{2k-1})] \tag{4.93}$$

（四）地表任意点水平移动值计算公式

（1）地表任意点沿走向方向的水平移动计算公式：

$$U_x(x_0,y_0)=bw_0\iint_D\frac{2\pi(x-x_0)^2}{r^3}e^{-\pi\frac{(x-x_0)^2+(y-y_0)^2}{r^2}}\mathrm{d}x\mathrm{d}y \tag{4.94}$$

根据图 4. 10，可将式（4.94）化解为二次积分：

$$\begin{aligned}U_x(x_0,y_0)&=bw_0\iint_D\frac{2\pi(x-x_0)^2}{r^3}\mathrm{e}^{-\pi\frac{(x-x_0)^2+(y-y_0)^2}{r^2}}\mathrm{d}x\mathrm{d}y\\&=bw_0\int_{x_1}^{x_2}\frac{2\pi(x-x_0)^2}{r^3}\mathrm{e}^{-\pi\frac{(x-x_0)^2}{r^2}}\mathrm{d}x\int_a^b\mathrm{e}^{-\pi\frac{(y-y_0)^2}{r^2}}\mathrm{d}y\end{aligned} \tag{4.95}$$

式中，$b=y_2+\dfrac{(x-x_2)(y_3-y_2)}{x_3-x_2}$，$a=y_1+\dfrac{(x-x_1)(y_2-y_1)}{x_2-x_1}$。

首先针对 y 进行积分，给出 $n=2M$ 的值，计算出 $h=$（y_3-y_1）$/n$。$y_k=y_1+kh$，$k=0$，1，⋯，$2M$。

令 $f(y)=\mathrm{e}^{-\pi\frac{(y-y_0)^2}{r^2}}$，求积分：

$$S_n(x)=\int_a^b\mathrm{e}^{-\pi\frac{(y-y_0)^2}{r^2}}\mathrm{d}y \tag{4.96}$$

根据复化 Simpson 公式得

$$S_n(x)=\frac{h}{3}[(f(a)+f(b)+2\sum_{k=1}^{M-1}f(y_{2k})+4\sum_{k=1}^{M}f(y_{2k-1})] \tag{4.97}$$

将 S_n（x）代入式（4.95），得

$$U_x(x_0,y_0)=bw_0\int_{x_1}^{x_2}\frac{2\pi(x-x_0)}{r^3}\mathrm{e}^{-\pi\frac{(x-x_0)^2}{r^2}}\cdot S_n(x)\mathrm{d}x \tag{4.98}$$

针对式（4.98），给出 $n=2M$ 的值，计算出 $h=(x_2-x_1)/n$，$x_k=x_1+kh$，$k=0,1,\cdots,2M$。

令 $f(x)=\frac{2\pi(x-x_0)}{r^3}\mathrm{e}^{-\pi\frac{(x-x_0)^2}{r^2}}\cdot S_n(x)$，求积分：

$$U_x(x_0,y_0)=\int_{x_1}^{x_2}\frac{2\pi(x-x_0)}{r^3}\mathrm{e}^{-\pi\frac{(x-x_0)^2}{r^2}}\cdot S_n(x)\mathrm{d}x \tag{4.99}$$

根据复化 Simpson 公式得：

$$U_x(x_0,y_0)=bw_0\cdot\frac{h}{3}[f(x_1)+f(x_2)+2\sum_{k=1}^{M-1}f(x_{2k})+4\sum_{k=1}^{M}f(x_{2k-1})] \tag{4.100}$$

（2）地表任意点沿倾向方向的水平移动计算公式：

$$U_y(x_0,y_0)=bw_0\iint_D\frac{2\pi(y-y_0)}{r^3}\mathrm{e}^{-\pi\frac{(x-x_0)^2+(y-y_0)^2}{r^2}}\mathrm{d}x\mathrm{d}y+W(x_0,y_0)\cot\theta_0 \tag{4.101}$$

因为 $W(x_0,y_0)$ 前面已经求出，$\cot\theta_0$ 也为已知值，式（4.101）仅需求出公式前半部分再加上后半部分即可。

同理，可将式（4.101）前半部分化解为二次积分：

$$\begin{aligned}U_y(x_0,y_0)&=bw_0\iint_D\frac{2\pi(y-y_0)}{r^3}\mathrm{e}^{-\pi\frac{(x-x_0)^2+(y-y_0)^2}{r^2}}\mathrm{d}x\mathrm{d}y\\&=bw_0\int_{x_1}^{x_2}\mathrm{e}^{-\pi\frac{(x-x_0)^2}{r^2}}\mathrm{d}x\int_a^b\frac{2\pi(y-y_0)^2}{r^3}\mathrm{e}^{-\pi\frac{(y-y_0)^2}{r^2}}\mathrm{d}y\end{aligned} \tag{4.102}$$

式中，$b=y_2+\frac{(x-x_2)(y_3-y_2)}{x_3-x_2}$，$a=y_1+\frac{(x-x_1)(y_2-y_1)}{x_2-x_1}$。

首先针对 y 进行积分，给出 $n=2M$ 的值，计算出 $h=(y_3-y_1)/n$。$y_k=y_1+kh$，$k=0,1,\cdots,2M$。

令 $f(y)=\frac{2\pi(y-y_0)}{r^3}\mathrm{e}^{-\pi\frac{(y-y_0)^2}{r^2}}$，求积分：

$$S_n(x)=bw_0\int_a^b\frac{2\pi(y-y_0)}{r^3}\mathrm{e}^{-\pi\frac{(y-y_0)^2}{r^2}}\mathrm{d}y \tag{4.103}$$

根据复化 Simpson 公式得

$$S_n(x)=\frac{h}{3}[(f(a)+f(b)+2\sum_{k=1}^{M-1}f(y_{2k})+4\sum_{k=1}^{M}f(y_{2k-1})] \tag{4.104}$$

将 S_n（x）代入式（4.102），得

$$U_y(x_0,y_0)=bw_0\int_{x_1}^{x_2}\mathrm{e}^{-\pi\frac{(x-x_0)^2}{r^2}}S_n(x)\mathrm{d}x \tag{4.105}$$

针对式（4.105），给出 $n=2M$ 的值，计算出 $h=(x_2-x_1)/n$，$x_k=x_1+kh$，$k=0,1,\cdots,2M$。

令 $f(y)=\mathrm{e}^{-\pi\frac{(x-x_0)^2}{r^2}}S_n(x)$，求积分：

$$U_y(x_0,y_0)=bw_0\int_{x_1}^{x_2}\mathrm{e}^{-\pi\frac{(x-x_0)^2}{r^2}}S_n(x)\mathrm{d}x \tag{4.106}$$

根据复化 Simpson 公式得

$$U_y(x_0,y_0)=bw_0\cdot\frac{h}{3}[f(x_1)+f(x_2)+2\sum_{k=1}^{M-1}f(x_{2k})+4\sum_{k=1}^{M}f(x_{2k-1})]+W(x_0,y_0)\cot\theta \tag{4.107}$$

（五）地表任意点水平变形值计算公式

（1）地表任意点沿走向方向的水平变形计算公式：

$$\varepsilon_x(x_0,y_0)=bw_0\iint_D\frac{2\pi}{r^3}\left[\frac{2\pi(x-x_0)^2}{r^2}-1\right]\mathrm{e}^{-\pi\frac{(x-x_0)^2+(y-y_0)^2}{r^2}}\mathrm{d}x\mathrm{d}y \tag{4.108}$$

可将式（4.108）化解为二次积分：

$$\begin{aligned}\varepsilon_x(x_0,y_0)&=bw_0\iint_D\frac{2\pi}{r^3}\left[\frac{2\pi(x-x_0)^2}{r^2}-1\right]\mathrm{e}^{-\pi\frac{(x-x_0)^2+(y-y_0)^2}{r^2}}\mathrm{d}x\mathrm{d}y\\&=bw_0\int_{x_1}^{x_2}\frac{2\pi}{r^3}\left[\frac{2\pi(x-x_0)^2}{r^2}-1\right]\mathrm{e}^{-\pi\frac{(x-x_0)^2}{r^2}}\mathrm{d}x\int_a^b\mathrm{e}^{-\pi\frac{(y-y_0)^2}{r^2}}\mathrm{d}y\end{aligned} \tag{4.109}$$

式中，$b=y_2+\dfrac{(x-x_2)(y_3-y_2)}{x_3-x_2}$，$a=y_1+\dfrac{(x-x_1)(y_2-y_1)}{x_2-x_1}$。

首先针对 y 进行积分，给出 $n=2M$ 的值，$h=(y_3-y_1)/n$。$y_k=y_1+kh$，$k=0, 1, \cdots, 2M$。

令 $f(y)=\mathrm{e}^{-\pi\frac{(y-y_0)^2}{r^2}}$，求积分：

$$S_n(x)=\int_a^b\mathrm{e}^{-\pi\frac{(y-y_0)^2}{r^2}}\mathrm{d}y \tag{4.110}$$

根据复化 Simpson 公式得

$$S_n(x)=\frac{h}{3}[(f(a)+f(b)+2\sum_{k=1}^{M-1}f(y_{2k})+4\sum_{k=1}^{M}f(y_{2k-1})] \tag{4.111}$$

将 S_n（x）代入式（4.109），得

$$\varepsilon_x(x_0,y_0)=bw_0\int_{x_1}^{x_2}\frac{2\pi}{r^3}\left[\frac{2\pi(x-x_0)^2}{r^2}-1\right]\mathrm{e}^{-\pi\frac{(x-x_0)^2}{r^2}}\cdot S_n(x)\mathrm{d}x \tag{4.112}$$

针对式（4.112），给出 $n=2M$ 的值，计算出 $h=(x_2-x_1)/n$，$x_k=x_1+kh$，$k=0, 1, \cdots, 2M$。

令 $f(x)=\dfrac{2\pi}{r^3}\left[\dfrac{2\pi(x-x_0)^2}{r^2}-1\right]\mathrm{e}^{-\pi\frac{(x-x_0)^2}{r^2}}\cdot S_n(x)$，求积分：

$$\varepsilon_x(x_0,y_0)=bw_0\int_{x_1}^{x_2}\frac{2\pi}{r^3}\left[\frac{2\pi(x-x_0)^2}{r^2}-1\right]\mathrm{e}^{-\pi\frac{(x-x_0)^2}{r^2}}\cdot S_n(x)\mathrm{d}x \tag{4.113}$$

根据复化 Simpson 公式得

$$\varepsilon_x(x_0,y_0)=bw_0\cdot\frac{h}{3}[f(x_1)+f(x_2)+2\sum_{k=1}^{M-1}f(x_{2k})+4\sum_{k=1}^{M}f(x_{2k-1})] \tag{4.114}$$

（2）地表任意点沿倾向方向的水平变形计算公式：

$$\varepsilon_y(x_0,y_0)=bw_0\iint_D\frac{2\pi}{r^3}\left[\frac{2\pi(y-y_0)^2}{r^2}-1\right]\mathrm{e}^{-\pi\frac{(x-x_0)^2+(y-y_0)^2}{r^2}}\mathrm{d}x\mathrm{d}y+i_y(x_0,y_0)\cot\theta_0 \tag{4.115}$$

由于$i_y(x\ ,y\ )\cot\theta_0$可由前面的计算公式得出，仅需计算式（4.115）中的前一项。可将式（4.115）前一项化解为二次积分：

$$\begin{aligned}\varepsilon_y(x_0,y_0)&=bw_0\iint_D\frac{2\pi}{r^3}\left[\frac{2\pi(y-y_0)^2}{r^2}-1\right]\mathrm{e}^{-\pi\frac{(x-x_0)^2+(y-y_0)^2}{r^2}}\mathrm{d}x\mathrm{d}y\\&=bw_0\int_{x_1}^{x_2}\mathrm{e}^{-\pi\frac{(x-x_0)^2}{r^2}}\mathrm{d}x\int_a^b\frac{2\pi}{r^3}\left[\frac{2\pi(y-y_0)^2}{r^2}-1\right]\mathrm{e}^{-\pi\frac{(y-y_0)^2}{r^2}}\mathrm{d}y\end{aligned} \tag{4.116}$$

式中，$b=y_2+\dfrac{(x-x_2)(y_3-y_2)}{x_3-x_2}$，$a=y_1+\dfrac{(x-x_1)(y_2-y_1)}{x_2-x_1}$。

首先针对y进行积分，给出$n=2M$的值，计算出$h=（y_3-y_1）/n$。$y_k=y_1+kh$，$k=0$，1，…，$2M$。

令$f(y)=\dfrac{2\pi}{r^3}\left[\dfrac{2\pi(y-y_0)^2}{r^2}-1\right]\mathrm{e}^{-\pi\frac{(y-y_0)^2}{r^2}}$，求积分：

$$S_n(x)=\int_a^b\frac{2\pi}{r^3}\left[\frac{2\pi(y-y_0)^2}{r^2}-1\right]\mathrm{e}^{-\pi\frac{(y-y_0)^2}{r^2}}\mathrm{d}y \tag{4.117}$$

根据复化 Simpson 公式得

$$S_n(x)=\frac{h}{3}[(f(a)+f(b)+2\sum_{k=1}^{M-1}f(y_{2k})+4\sum_{k=1}^{M}f(y_{2k-1})] \tag{4.118}$$

将S_n（x）代入式（4.116），得

$$\varepsilon_y(x_0,y_0)=w_0\int_{x_1}^{x_2}\mathrm{e}^{-\pi\frac{(x-x_0)^2}{r^2}}\cdot S_n(x)\mathrm{d}x \tag{4.119}$$

针对式（4.119），给出$n=2M$的值，计算出$h=（x_2-x_1）/n$，$x_k=x_1+kh$，$k=0$，1，…，$2M$。

令$f(y)=\mathrm{e}^{-\pi\frac{(x-x_0)^2}{r^2}}S_n(x)$，求积分：

$$\varepsilon_y(x_0,y_0)=w_0\int_{x_1}^{x_2}\mathrm{e}^{-\pi\frac{(x-x_0)^2}{r^2}}\cdot S_n(x)\mathrm{d}x \tag{4.120}$$

根据复化 Simpson 公式得

$$\varepsilon_y(x_0,y_0)=b\mathrm{w}_0\cdot\frac{h}{3}[f(x_1)+f(x_2)+2\sum_{k=1}^{M-1}f(x_{2k})+4\sum_{k=1}^{M}f(x_{2k-1})]+i_y(x_0,y_0)\cot\theta_0$$
（4.121）

（六）扭曲变形 S（x_0,y_0）和剪切变形 γ（x_0,y_0）

1）扭曲变形 S（x_0,y_0）

$$S(x_0,y_0)=w_0\cdot\iint_D\frac{4\pi^2(x-x_0)(y-y_0)}{r^6}\mathrm{e}^{-\pi\frac{(x-x_0)^2+(y-y_0)^2}{r^2}}\mathrm{d}x\mathrm{d}y \tag{4.122}$$

将式（4.122）化解为二次积分：

$$\begin{aligned}S(x_0,y_0)&=w_0\cdot\iint_D\frac{4\pi^2(x-x_0)(y-y_0)}{r^6}\mathrm{e}^{-\pi\frac{(x-x_0)^2+(y-y_0)^2}{r^2}}\mathrm{d}x\mathrm{d}y\\&=w_0\cdot\int_{x_1}^{x_2}\frac{4\pi^2(x-x_0)}{r^6}\mathrm{e}^{-\pi\frac{(x-x_0)^2}{r^2}}\mathrm{d}x\int_a^b(y-y_0)\mathrm{e}^{-\pi\frac{(y-y_0)^2}{r^2}}\mathrm{d}y\end{aligned} \tag{4.123}$$

式中，$b=y_2+\dfrac{(x-x_2)(y_3-y_2)}{x_3-x_2}$，$a=y_1+\dfrac{(x-x_1)(y_2-y_1)}{x_2-x_1}$。

首先针对 y 进行积分，给出 $n=2M$ 的值，计算出 $h=(y_3-y_1)/n$。$y_k=y_1+kh$，$k=0$，1，…，$2M$。

令 $f(y)=(y-y_0)\mathrm{e}^{-\pi\frac{(y-y_0)^2}{r^2}}$，求积分：

$$S_n(x)=\int_a^b(y-y_0)\mathrm{e}^{-\pi\frac{(y-y_0)^2}{r^2}}\mathrm{d}y \tag{4.124}$$

根据复化 Simpson 公式得

$$S_n(x)=\frac{h}{3}[(f(a)+f(b)+2\sum_{k=1}^{M-1}f(y_{2k})+4\sum_{k=1}^{M}f(y_{2k-1})] \tag{4.125}$$

将解出的 S_n（x）代入式（4.123），得

$$S(x_0,y_0)=w_0\int_{x_1}^{x_2}\frac{4\pi^2(x-x_0)}{r^6}\mathrm{e}^{-\pi\frac{(x-x_0)^2}{r^2}}S_n(x)\mathrm{d}x \tag{4.126}$$

针对式（4.126），给出 $n=2M$ 的值，计算出 $h=(x_2-x_1)/n$，$x_k=x_1+kh$，$k=0$，1，…，$2M$。

令 $f(y)=\dfrac{4\pi^2(x-x_0)}{r^6}\mathrm{e}^{-\pi\frac{(x-x_0)^2}{r^2}}S_n(x)$，求积分：

$$S(x_0,y_0)=w_0\int_{x_1}^{x_2}\frac{4\pi^2(x-x_0)}{r^6}\cdot S_n(x)\mathrm{d}x \tag{4.127}$$

根据复化 Simpson 公式得

$$S(x_0,y_0)=w_0\cdot\frac{h}{3}[f(x_1)+f(x_2)+2\sum_{k=1}^{M-1}f(x_{2k})+4\sum_{k=1}^{M}f(x_{2k-1})] \tag{4.128}$$

2）剪切应变 γ（x_0，y_0）

$$\gamma(x_0,y_0)=2bw_0\cdot\iint\limits_D\frac{4\pi^2(x-x_0)(y-y_0)}{r^5}\mathrm{e}^{-\pi\frac{(x-x_0)^2+(y-y_0)^2}{r^2}}\mathrm{d}x\mathrm{d}y+i_x(x_0,y_0)\cot\theta_0 \tag{4.129}$$

可将式（4.129）化解为二次积分（仅推导前半部分即可，后半部分前面已推导）：

$$\begin{aligned}\gamma(x_0,y_0)&=2bw_0\cdot\iint\limits_D\frac{4\pi^2(x-x_0)(y-y_0)}{r^5}\mathrm{e}^{-\pi\frac{(x-x_0)^2+(y-y_0)^2}{r^2}}\mathrm{d}x\mathrm{d}y\\&=2bw_0\cdot\int_{x_1}^{x_2}\frac{4\pi^2(x-x_0)}{r^5}\mathrm{e}^{-\pi\frac{(x-x_0)^2}{r^2}}\mathrm{d}x\int_a^b(y-y_0)\mathrm{e}^{-\pi\frac{(y-y_0)^2}{r^2}}\mathrm{d}y\end{aligned} \tag{4.130}$$

式中，$b=y_2+\dfrac{(x-x_2)(y_3-y_2)}{x_3-x_2}$，$a=y_1+\dfrac{(x-x_1)(y_2-y_1)}{x_2-x_1}$。

首先针对 y 进行积分，给出 $n=2M$ 的值，计算出 $h=$（y_3-y_1）$/n$。$y_k=y_1+kh$，$k=0$，1，…，$2M$。

令 $f(y)=(y-y_0)\mathrm{e}^{-\pi\frac{(y-y_0)^2}{r^2}}$，求积分：

$$S_n(x)=\int_a^b(y-y_0)\mathrm{e}^{-\pi\frac{(y-y_0)^2}{r^2}}\mathrm{d}y \tag{4.131}$$

根据复化 Simpson 公式得

$$S_n(x)=\frac{h}{3}[(f(a)+f(b)+2\sum_{k=1}^{M-1}f(y_{2k})+4\sum_{k=1}^{M}f(y_{2k-1})] \tag{4.132}$$

将解出的 S_n（x）代入式（4.132），得

$$\gamma(x_0,y_0)=2bw_0\cdot\int_{x_1}^{x_2}\frac{4\pi^2(x-x_0)}{r^5}\mathrm{e}^{-\pi\frac{(x-x_0)^2}{r^2}}S_n(x)\mathrm{d}x \tag{4.133}$$

针对式（4.133），给出 $n=2M$ 的值，计算出 $h=$（x_2-x_1）$/n$，$x_k=x_1+kh$，$k=0$，1，…，$2M$。

令 $f(y)=\dfrac{4\pi^2(x-x_0)}{r^5}\mathrm{e}^{-\pi\frac{(x-x_0)^2}{r^2}}S_n(x)$，求积分：

$$\gamma(x_0,y_0)=2bw_0\int_{x_1}^{x_2}\frac{4\pi^2(x-x_0)}{r^5}S_n(x)\mathrm{d}x \tag{4.134}$$

根据复化 Simpson 公式得

$$\gamma(x_0,y_0)=2bw_0\cdot\frac{h}{3}[f(x_1)+f(x_2)+2\sum_{k=1}^{M-1}f(x_{2k})+4\sum_{k=1}^{M}f(x_{2k-1})]+i_x(x_0,y_0)\cot\theta_0 \tag{4.135}$$

第五章　采空区杆塔地基稳定性初判与安全煤柱设计

1000kV特高压线路途经山西、河南采动影响区，线路沿线受采动影响较大的区域可分为四段，即川底乡段、南岭乡段、刘庄段及大郭沟段，其中，南岭乡段线下赋存两层主采煤层，从上到下分别为9号煤层和15号煤层，两层煤间距约30m，煤层为缓倾斜煤层，倾角为5°～10°，9号煤层平均厚度为1.5m，15号煤层厚度为2.5m。小煤窑开采活跃，开采方式为单巷水平开采，坑道宽2m，高2m，长15～150m，现在线路两侧除小东沟煤矿外，其余的周边煤矿均已关闭。

另外，山西晋城追山乡来岭村一带有长度约1.3km的小煤窑采空区，局部开采15号煤层，可开采厚度平均为0.6m，可开采煤层埋深平均为0～60m，均已关闭。

小煤窑属私挖乱采，无规则，其采空区顶板稳定性对输电杆塔地基构成一定威胁。

第一节　小煤窑顶板稳定性评价

一、小煤窑顶板自重稳定性评价

矿层开采前，岩体内部应力是平衡的，一般情况下，只存在垂直压应力和水平压应力，用下式表示（岩土工程手册编写委员会，1994）：

$$\sigma_z = \gamma H \tag{5.1}$$

$$\sigma_x = \sigma_y = \sigma_z \tan^2\left(45° - \frac{\varphi}{2}\right) \tag{5.2}$$

式中，σ_z为垂直压应力，kPa；σ_x=σ_y为水平压应力，kPa；γ为上覆岩层的重度，kN/m^3；H为矿层顶板埋藏深度，m；φ为岩层的内摩擦角，（°）。

矿层采空后，采空区周围岩体失去支撑，围岩应力发生变化，其所处部位不同所受应力状态也不同：顶板冒落是拉应力起主导作用，巷道侧壁主要受垂直压应力作用，巷道四角一般受剪应力作用。

如图5.1所示，矿层采空后其顶板岩块*ABDC*因重力*G*的作用而下沉，两边的楔型体*ABM*和*CDN*也对其施以水平压力*P*。因此，在*AB*和*CD*两个面上又受到因*P*的作用而产生的摩阻力*F*的抵抗，现取采空段（巷）道单位长度为计算单元，则作用在巷道顶板上的压力为

$$Q = G - 2F \tag{5.3}$$

$$G = 2a\gamma H \tag{5.4}$$

$$F = P\tan\varphi \tag{5.5}$$

$$P=\frac{\gamma H^2}{2}\tan^2\left(45°-\frac{\varphi}{2}\right) \tag{5.6}$$

式中，Q为巷道单位长度顶板上所受的压力，kN/m；G为巷道单位长度顶板上岩层所受的总重力，kN/m；F为巷道单位长度侧壁的摩阻力，kN /m ；P为楔体ABM和CDN作用在AB和CD面上的主压应力的最大值，N/m ；a为巷道宽度的一半，m；φ为上覆岩层内摩擦角，（°），γ为上覆岩层的重度，kN/m^3。

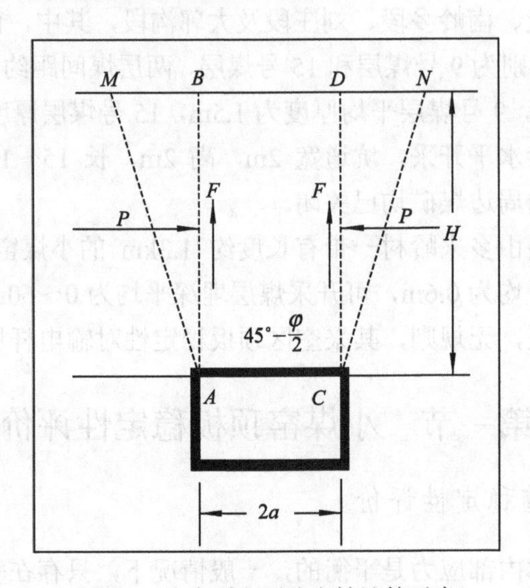

图 5.1　小窑采空区稳定性计算示意

由式（5.3）～式（5.6）可得到：

$$Q=\gamma H\left[2a-H\tan\varphi\tan^2\left(45°-\frac{\varphi}{2}\right)\right] \tag{5.7}$$

由式（5.7）可知：当H大到某一定深度时，顶板上方岩层恰好能保持自然平衡而不塌陷，此时Q值等于零，H称为临界深度H_0：

$$H_0=\frac{2a}{\tan^2\left(45°-\dfrac{\varphi}{2}\right)\tan\varphi} \tag{5.8}$$

式中，H_0为临界深度，m；a为巷道宽度的一半，m；φ为上覆岩层内摩擦角，（°），γ为上覆岩层的重度，kN/m^3。

比较矿层顶板埋藏深度H与临界深度H_0，即可粗略评价顶板的稳定性。当$H< H_0$时， 顶板不稳定；当$H_0 \leqslant H \leqslant 1.5H_0$时， 顶板稳定性差；当$H>1.5H_0$时，顶板稳定。

二、考虑杆塔基底压力下小煤窑顶板稳定性

地表裂缝和塌陷发育地段，属于极不稳定地段，当输电杆塔在此影响范围内时应验算杆塔地基的稳定性。

类似于上一节的推导，如考虑特高压输电杆塔基底压力，则采用下面公式判别采空区地基稳定性（工程地质手册编委会，2007）。

当输电杆塔基底单位附加压力 R 时，则作用在小采空区顶板上的压力 Q 为

$$Q = G + 2aR - 2F = \gamma H\left[2a - H\tan\varphi\tan^2\left(45° - \frac{\varphi}{2}\right)\right] + 2aR \tag{5.9}$$

式中，Q 为巷道单位长度顶板上所受的压力，kN/m；G 为巷道单位长度顶板上岩层所受的总重力，kN/m；F 为巷道单位长度侧壁的摩阻力，kN /m ；H 为巷道顶板埋藏深度，m ；a 为巷道宽度的一半，m；φ 为上覆岩层内摩擦角，（°），γ 为上覆岩层的重度，kN/m^3。

当 H 大到某一定深度时，使顶板上方岩层恰好能保持自然平衡而不塌陷，此时 Q 值等于零，此时的 H 称为临界深度 H_{01}：

$$H_{01} = \frac{2a\gamma + \sqrt{4a^2\gamma^2 + 8a\gamma R\tan\varphi\tan^2\left(45° - \frac{\varphi}{2}\right)}}{2\gamma\tan\varphi\tan^2\left(45° - \frac{\varphi}{2}\right)} \tag{5.10}$$

式中，H_{01} 为考虑基底荷载的临界深度，m；γ 为上覆岩土层的重度，kN/m^3；a 为巷道宽度的一半，m；R 为单位基底附加压力，kPa；φ为上覆岩层内摩擦角，（° ）。

比较矿层顶板埋藏深度 H 与临界深度 H_{01}，即可评价地基的稳定性。当 $H< H_{01}$ 时，地基不稳定；当 $H_{01}\leqslant H\leqslant 1.5H_{01}$ 时，地基稳定性差；当 $H>1.5H_{01}$ 时，地基稳定。

第二节　杆塔地基采空区稳定临界深度计算

一、采空区三带的划分

在大面积全部开采、垮落式顶板管理（如长壁式采煤）条件下，采空区覆岩破坏呈现出明显的分带性特点。根据采空区覆岩破裂、破碎及透水、透砂能力，将岩层按其破坏程度划分为三个开采影响带，通称垮落带、裂隙带和弯曲带（何国清等，1991），如图 5.2 所示。

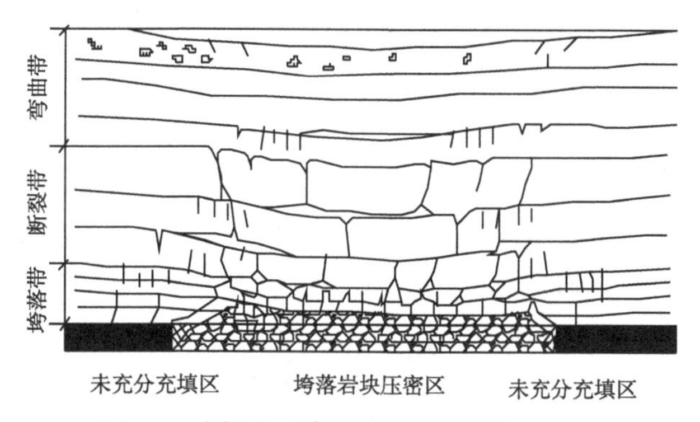

图 5.2　采空区三带示意图

（一）垮落带

垮落带是指采用全部垮落法管理顶板时，回采工作面放顶后引起煤层直接顶板岩层产生严重破坏的范围。垮落带的采出空间顶板岩层在自重力作用下断裂、破碎成块垮落，垮落岩块大小不一，无规则地堆积在采空区，垮落岩块具有显著碎胀性，其总体积大于原岩体积，岩块间空隙较大，连通性好，有利于水、砂、泥土通过。

垮落带的高度（简称“冒高”）主要取决于煤层采出厚度和上覆岩石的碎胀系数，冒高通常为采出厚度的3～5倍。顶板岩石坚硬时，冒高为采出厚度的5～6倍；顶板为软岩时，冒高为采出厚度的2～4倍。

（二）裂隙带（断裂带）

裂隙带（断裂带）位于垮落带之上，其岩层产生较大的弯曲、变形和断裂破坏，但仍保持层状结构。该区域岩层不仅产生垂直于层理面的裂缝或断裂，且产生大量顺层理面的离层裂缝；岩层断裂的程度自下而上逐渐减轻。断裂岩块垮落带和裂隙带合称为垮落裂隙带或导水裂隙带。

垮落带和断裂带之间没有明显的分界线，但均属于破坏性影响区。上覆岩层离采空区越远，破坏程度越小。当采深较小、采高较大、用全部垮落法管理顶板时，断裂带甚至垮落带可能发展到地表。这时，地表和采空区连通，地表可能出现塌陷以至塌崩。

（三）弯曲带

弯曲带位于断裂带之上，直至地表。弯曲带岩层的移动过程是连续而有规律的，并保持其整体性和层状结构，不存在或极少存在离层裂隙，受采动影响相对较轻、稳定性相对较好。弯曲带上方的地表，一般会形成下沉盆地，盆地边缘出现张裂隙，其深度为3～5m，一般不超过10m，上宽下窄，直至闭合消失。因此，弯曲带具有隔水保护层的作用。

二、垮落裂隙带高度估算方法

对于厚煤层分层开采的垮落裂隙带高度计算可参考《建筑物、水体、铁路及主要井巷煤柱留设与压煤规程》附表6中的计算公式。

（一）垮落带高度计算

（1）如果煤层顶板覆岩内有极坚硬岩层，采后能形成悬顶时，其下方的垮落带最大高度H_m可采用式（5.11）估算：

$$H_m = \frac{M}{(k-1)\cos\alpha} \tag{5.11}$$

式中，M为煤层采厚，m；k为冒落岩石碎胀系数；α为煤层倾角，（°）。

1000kV特高压线路山西晋城寺河段，3号煤层厚度M=6m，冒落岩石碎胀系数k=1.4，

煤层倾角 $\alpha=8°$，计算垮落带最大高度 H_m 在 15m 左右。

（2）当煤层顶板覆岩内为坚硬、中硬、软弱、极软弱岩层或其互层时，开采单一煤层的垮落带最大高度 H_m 可采用式（5. 12）估算：

$$H_m=\frac{M-W}{(k-1)\cos\alpha} \tag{5.12}$$

式中，W 为冒落过程中顶板的下沉值，m；其他符号同式（5.11）。

（3）当煤层顶板覆岩内为坚硬、中硬、软弱、极软弱岩层或其互层时，厚煤层分层开采的垮落带最大高度 H_m 可采用表 5. 1 中的公式计算。

表 5.1　厚煤层分层开采的垮落带高度计算公式

覆岩岩性（单向抗压强度及主要岩石名称）	计算公式
坚硬　（40～80MPa，石英砂岩、石灰岩、砂质页岩、砾岩）	$H_m=\frac{100\sum M}{2.1\sum M+16}\pm2.5$
中硬　（20～40MPa，砂岩、泥质灰岩、砂质页岩、页岩）	$H_m=\frac{100\sum M}{4.7\sum M+16}\pm2.2$
软弱　（10～20MPa，泥岩、泥质砂岩）	$H_m=\frac{100\sum M}{6.2\sum M+32}\pm1.5$
极软弱（<10MPa，铝土岩、风化泥岩、黏土、砂质黏土）	$H_m=\frac{100\sum M}{7.0\sum M+63}\pm1.2$

注：ΣM 为累计采厚。公式应用范围：单层采厚 1～3m，累计采厚不超过 15m；计算公式中±号项为中误差

（二）导水裂隙带高度

煤层覆岩内为坚硬、中硬、软弱、极软弱岩层或其互层时，厚煤层分层开采的导水裂隙带最大高度 H_{li} 可按照表 5. 2 中的公式计算。

表 5.2　厚煤层分层开采的导水裂隙带高度计算公式

岩性	计算公式之一	计算公式之二
坚硬	$H_{li}=\frac{100\sum M}{1.2\sum M+2.0}\pm8.9$	$H_{li}=30\sqrt{\sum M}+10$
中硬	$H_{li}=\frac{100\sum M}{1.6\sum M+3.6}\pm5.6$	$H_{li}=20\sqrt{\sum M}+10$
软弱	$H_{li}=\frac{100\sum M}{3.1\sum M+5.0}\pm4.0$	$H_{li}=10\sqrt{\sum M}+5$
极软弱	$H_{li}=\frac{100\sum M}{5.0\sum M+8.0}\pm3.0$	

表 5.2 中的公式适合于缓倾斜（0°～35°）、中倾斜（36°～54°）煤层。对于急倾斜煤层，可参照《建筑物、水体、铁路及主要井巷煤柱留设与压煤规程》相关公式。

在一般情况下，软弱岩石形成的垮落裂隙带高度为采高的 9～12 倍，中硬岩石为采高的 12～18 倍，坚硬岩石为采高的 18～28 倍（邹友峰等，2003）。

山西晋城寺河段采空区上覆岩性主要为中硬的砂岩、泥岩等，垮落裂隙带高度 H_{li} 可按 15 倍采高确定，为 90m 左右。

采空区形成之后，一般经过一年时间之后沉降基本达到稳定，多则三年。地面稳定后，新建建筑增加的附加荷载如果不对采空区上覆岩层构成大的影响，则不会引起采空区活化，相反，则应考虑新增附加荷载的影响，考虑到 1000kV 特高压杆塔及基础的重量，因此，特高压杆塔地基应考虑附加荷载对采空区的影响。

三、杆塔基础附加应力影响深度的确定

（一）基本概念

1000kV 特高压输电线路工程，特高压输电杆塔在荷载、高度上远大于现有输电杆塔，对输电杆塔的结构设计、钢材强度提出了更高的要求，1000kV 输电杆塔比现在的塔重将发生质的变化，杆塔重量将增加 4～5 倍。

根据特高压杆塔设计基本要求，直线塔：重约 260t，基础底板宽度约 6.8m，基础根开约 16m。转角塔：重约 400t，基础底板宽度约 8.2m，基础根开约 20m，基础埋深 5m。

经估算，杆塔基础基底附加压力为：直线塔约 24kPa、转角塔约 25kPa。

如采用大板基础，直线塔大板基础面积为 $16\times16=256\text{m}^2$，杆塔重 260t，转角塔大板基础面积为 $20\times20=400\text{m}^2$，杆塔重 400t，基础埋深 5m，黄土覆盖层重度 $\gamma=18\text{kN}/\text{m}^3$。经估算，大板基础基底附加压力为 20kPa。

（二）计算公式及编程处理

采煤沉陷区地基验算深度，一般参照软土地基条件下地基主要压缩层深度的计算标准来确定采深，即将建筑物附加应力等于地基自重应力 10%位置之间的土层作为采煤沉陷区地基的主要受力层。地基主要受力层以下的区域，可以认为其岩土结构的稳定性不会受到建筑物附加应力的明显影响。

（1）地面下深度为 z 处的自重应力：

$$\sigma_{cz}=\sum_{i=1}^{n}\gamma_i\Delta h_i \tag{5.13}$$

式中，σ_{cz} 为地面下深度为 z 处的自重应力，kPa；γ_i 为第 i 层土的天然重度，kN/m^3；地下水位以下采用浮重度 γ'，kN/m^3（$\gamma'=\gamma_{\text{sat}}-10$，$\gamma_{\text{sat}}$ 为地下水位以下土层的饱和重度，kN/m^3）；Δh_i 为第 i 层土的厚度，m；n 为地面到深度 z 处的土层数。

计算中要将地下水位作为天然土层分界线划分出一层。

（2）基底附加应力：

$$\sigma_0=\frac{P}{b^2}+(20-\overline{\gamma})d \tag{5.14}$$

式中，σ_0为基础底面附加应力，kPa；P为输电杆塔荷重，kN；b为杆塔基础宽度，m；d为基础埋深，m；$\bar{\gamma}$为基础底面以上土层厚度加权平均重度，kN/m^3。

（3）基础下深度为z'处附加应力的计算　($z'=z-d, z'\geqslant 0$)：

$$\sigma_{z'}=4\alpha_c\sigma_0 \tag{5.15}$$

式中，$\sigma_{z'}$为基础底面下深度为z'处的附加应力，kPa；σ_0为基础底面的附加应力，kPa；α_c附加应力系数，采用下式计算：

$$\alpha_c=\frac{0.24893775+0.0014969066x}{1-0.1308903x+0.56264226x^2} \tag{5.16}$$

式中，α_c为附加应力系数；$x=z'/b'$，$b'=b/2$（这里的b'等于基础宽度的一半）。

（4）计算（附加应力/自重应力）值为10%时确定的影响深度S。

分别计算地表下深度为z处的自重应力σ_{cz}和附加应力$\sigma_{z'}$，确定两者比值为10%的深度z，该z值即为S值，计算中将土层细划分为0.1m小层，计算对比，渐进循环计算，一直到计算出输电杆塔附加应力影响深度值S。需要的计算参数见表5.3。

表5.3　输电杆塔附加应力影响深度计算参数表

杆塔编号	杆塔荷重 P/kN	基础宽度 b/m	基础高度 h/m	基础埋深 d/m	土层分层数及单厚度 /m	各分层土层重度 γ_i /（kN/m^3）	地下水位埋深 w/m	基底附加应力 σ_0/kPa	影响深度 S/m
G100	1440	4.0	1	1	0～2.0	16	4	94	
					2.0～4.0	17			
					4.0～7.0	19			
					7.0～9.0	20			
					9.0～13.0	21			

系统编程中数据的处理要点：

（1）数据输入中要求如基础埋深、地下水位、土层分层的输入数据均精确到0.1m即可，如输入的数据为小数点后大于一位，程序自动四舍五入。

（2）土力学中，α_c附加应力系数是查表获得的，为实现计算机的自动编程，作者根据附加应力表统计得出式（5.16），经对比，计算精度完全满足要求。

（3）编程设计中，利用计算机快速的运算能力，为了精确确定附加应力 / 自重应力值为10%的影响深度S，将土层细化分为10cm一层，计算每一细层的附加应力和自重应力，确定其比值，反复循环，直到其比值达到10%，此时的土层深度即为附加应力影响深度。

四、采空区稳定临界深度计算公式

采空区地表不再因特高压输电杆塔新增荷载扰动而产生较大的沉降，此时，采空区煤层开采深度H称为稳定临界埋深，采空区稳定临界深度H_L可按下式计算：

$$H_L\geqslant H_{li}+H_l+S+d \tag{5.17}$$

式中，H_L为采空区杆塔地基稳定临界深度，m；H_{li}为垮落裂隙带高度，m；H_1为裂隙带上部保护层厚度，m，可取 2 倍煤层采厚；S 为输电杆塔附加应力影响深度，m。d 为基础埋深，m。

当在已塌陷的采空区地表新建输电杆塔时，附加荷载影响到地表以下一定深度，如果荷载影响深度足以触及开采所形成的垮落带、裂缝带时，就会破坏这两带业已形成的平衡状态，从而引起覆岩重新产生移动，使地表产生新的沉降。

当开采深度大于采空区的临界深度时，地表新增荷载不会使采空区地表重新产生较大沉降，可认为采空区上部地基处于稳定状态，新建输电杆塔只要考虑采空区的残余沉降和建筑荷载引起的地基附加沉降即可；当开采深度小于临界深度时，地表会由于新增附加荷载而产生一定量的沉降活动，可认为此条件下地基处于非稳定状态。

采空区稳定性判断标准：

$$H > H_L，采空区稳定$$

$$H \leqslant H_L，采空区不稳定$$

式中，H 为杆塔下煤层开采深度，m；H_L为采空区杆塔地基稳定临界深度，m。

第三节　输电杆塔安全煤柱设计及压覆资源量计算

一、保护煤柱的留设原理

留设保护煤柱的实质就是根据已掌握的地表移动变形规律，在煤层层面上圈定一个保护煤柱的边界，回采仅在该边界之外进行，使开采的影响不波及需要保护的范围。

保护煤柱的边界是从受保护范围的边界起，按移动角 δ、β、γ（主断面）上和斜向移动角 β'、γ'（任意斜向断面上）所作的保护临界面与煤层层面的交线。如图 5.3 所示，地面上有一座需要保护的建筑物 $ABCD$，其受保护范围不是建筑物的外边界所圈定的区域，而是过建筑物各角点平行于煤层走向和倾向的四条直线所围成面积 a_0、b_0、c_0、d_0。

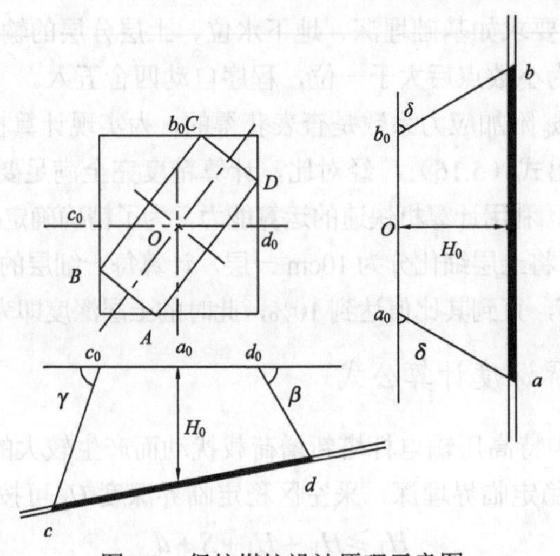

图 5.3　保护煤柱设计原理示意图

现以移动角 δ、β、γ 作保护煤柱。通过受保护范围中心 O，沿煤层走向和倾向的断面图上，保护边界分别为 a_0、b_0 和 c_0、d_0（图 5.3）。在倾斜断面上，从 c_0 点向煤层下山方向作 γ 角，从 d_0 点向上山方向作 β 角。分别与煤层相交于 c、d 两点。在走向主断面上，从保护边界点 a_0、b_0 分别向煤层作走向移动角 δ，与煤层交于 a、b 两点。因此，只要煤层开采边界在倾斜方向上不超过 c、d 两点，则受保护建筑物就不会遭受地下开采的损害，或者说受保护 a_0、b_0、c_0、d_0 内地表的移动变形值一般小于临界变形值。据此可根据几何投影关系，在平面图上做出保护煤柱的边界。

二、移动角与围护带

保护煤柱留设时，受地质采矿条件的差异、移动角的误差、井上下位置关系的不准确等因素的影响，所留设的保护煤柱的尺寸和位置出现偏差。因此，留设的保护煤柱应具有一定的备用尺寸。

目前在保护煤柱设计中，一般在地面上加围护带，即根据建筑物不同的保护级别，从建筑物边界向外扩展一定的范围，作为设计保护煤柱的受保护边界。表 5.4 给出矿区建筑物和构筑物的保护等级，相应的围护带宽度列于表 5.5 中。

表 5.4　矿区建筑物和构筑物的保护等级

保护等级	主要建筑物和构筑物
Ⅰ	国务院明令保护的文物和纪念性建筑物；一级火车站，发电厂主厂房；在同一跨度内有两台重型桥式吊车的大型厂房、平炉、水泥厂回转窑、大型选煤厂主厂房等；特别重要或特别敏感的、采动后可能导致发生重大生产、伤亡事故的建（构）筑物；铸铁瓦斯管道干线，大、中型矿井主要通风机房，瓦斯抽放站，高速公路，机场跑道，高层住宅楼；等等
Ⅱ	高炉、焦化炉，220kV 以上超高压输电线路杆塔，矿区总变电所，立交桥；钢筋混凝土框架结构的工业厂房，设有桥式吊车的工业厂房、铁路煤仓、总机修厂等较重要的大型工业建（构）筑物；办公楼、医院、学校、剧院、百货大楼、二级火车站、长度大于 20m 的两层楼房和三层以上多层住宅楼；输水管干线和铸铁瓦斯管道支线；架空索道、电视塔及其转播塔
Ⅲ	无吊车设备的砖木结构工业厂房，三、四级火车站，砖木、砖混结构平房或变形缝区段小于 20m 的二层楼房，村庄砖瓦民房；高压输电线路杆塔、钢瓦斯管道；等等
Ⅳ	农村木结构承重房屋、简易仓库等

表 5.5　矿区建筑物、构筑物保护煤柱的围护带宽度

建筑物和构筑物的保护等级	围护带宽度 s /m
Ⅰ	20
Ⅱ	15
Ⅲ	10
Ⅳ	5

1000kV 特高压输电杆塔由于其重要性，保护等级应按Ⅰ级对待，围护带宽度应为 20m。

三、垂直剖面法留设保护煤柱

在进行保护煤柱设计之前，必须掌握该地区的地质采矿条件，了解保护对象的结构特点及使用要求，以便确定合理的地表移动参数。此外，还应有符合精度要求的图纸，如井上下对照图、地质剖面图和煤层底板等高线图。

（一）保护煤柱设计需要输入的数据

（1）杆塔基础尺寸 d，因输电杆塔四角尺寸为正方形，即为相邻塔脚基础宽度，m。

（2）输入围护带宽度 S，m。

（3）基础 AB 边与煤层走向斜交锐角 θ，(°)。

（4）煤层倾角 α，(°)。

（5）煤层厚度 m，m。

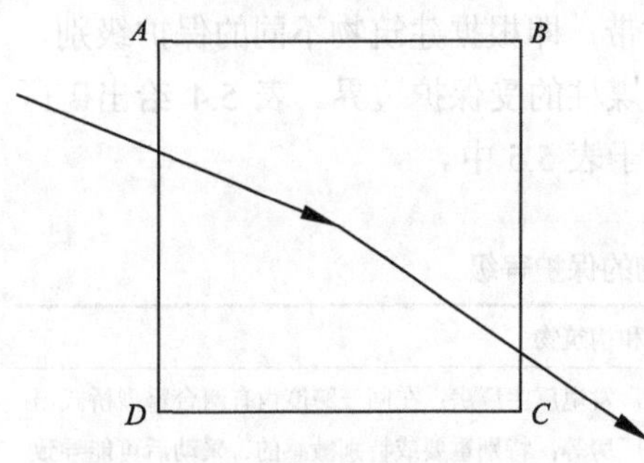

图 5.4　输电杆塔计算参数输入示意图

（6）杆塔基础中心坐标（x，y）及煤层埋深 H_0，m。

（7）松散层厚度 h，m。

（8）矿区地表移动资料 β、γ、δ（分别为下山，上山，走向移动角）。

（9）松散层移动角 φ。

一般情况下，面朝线路前进方向，左手第一个腿是 A 腿，顺时针方向依次为 B、C、D 腿，输电杆塔基础角点排列顺序如图 5.4 所示。

（二）确定输电杆塔基础受保护面积边界

（1）如果建筑物边界和煤层走向、倾向平行时，在平面图上直接沿煤层走向、倾向留一定宽度的围护带，得到受护面积边界（图 5.5a）。

（2）如果建筑物边界和煤层走向斜交时，通过建筑物四个角点，分别作与煤层走向或倾向平行的直线，再留围护带，得受护面积边界（图 5.5b）。

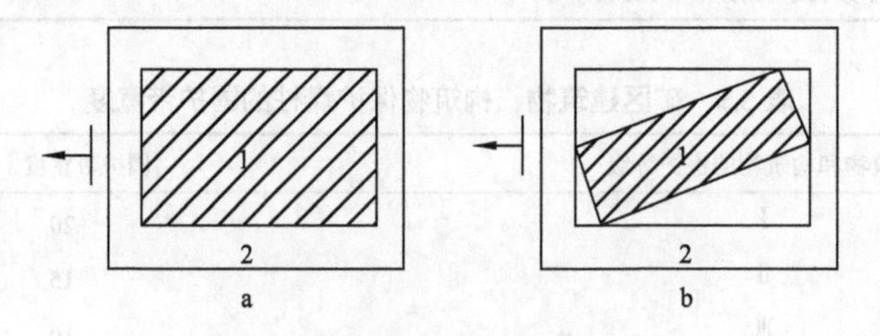

图 5.5　垂直剖面法受护边界的确定

1. 建筑物边界；2. 围护带

（三）确定保护煤柱边界

在受保护面积边界与煤层走向平行或垂直时所作的垂直剖面上，在松散层内用 φ 角画直线，在基岩内直接根据基岩移动角 β、γ、δ 画直线，作出保护煤柱边界（图 5.6）。

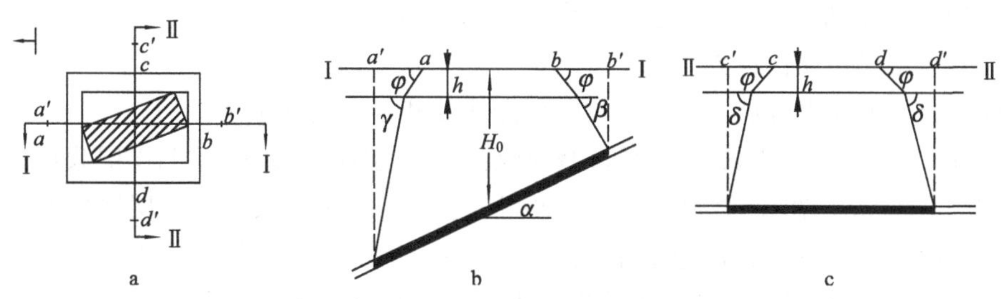

图 5.6　受护面积边界与走向平行或垂直时保护煤柱边界的确定

a. 平面图；b. 沿倾向剖面图；c. 沿走向剖面图

（四）垂直剖面法留设保护煤柱计算实例

已知：保护对象为一座重要建筑物，保护级别属Ⅱ级，平面形状为矩形，受保护面积为 100m^2，其长边与煤层走向斜交成 θ=60°。煤层地质条件为：煤层倾角 α=30°，煤层在受护范围中央的埋藏深度 H_0 =250m；地面标高为零，松散层厚度 h =40m，煤层厚度 m=2.5m，矿区地表移动资料：$\delta=\gamma=73°$，$\beta=73°-0.6\alpha=73°-0.6\times30°=55°$，松散层移动角 φ=45°，试用垂直剖面法留设该建筑物的保护煤柱（图 5.7）。

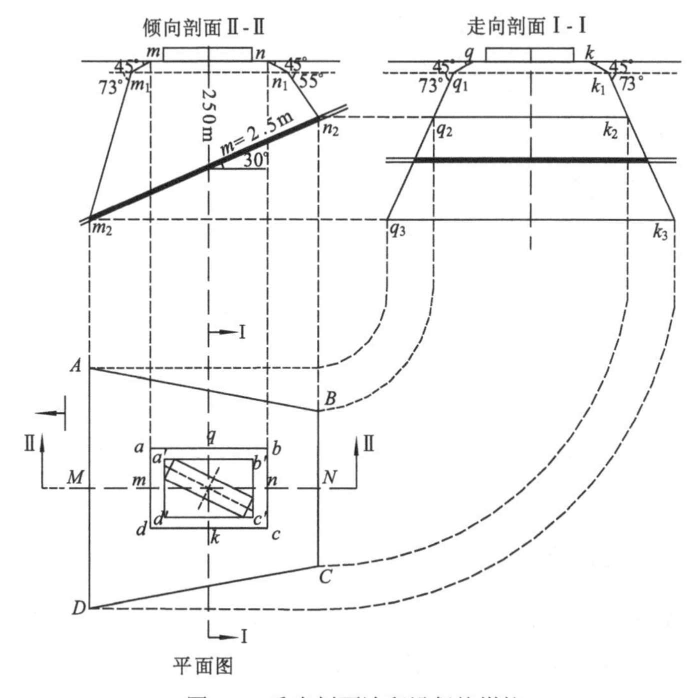

图 5.7　垂直剖面法留设保护煤柱

解题步骤如下：

（1）确定受护面积边界。

在图 5.7 的平面图上，通过建筑物四个角点分别作与煤层走向、倾向平行的四条直线，得矩形 $a'b'c'd'$，即建筑物本身所占面积。由于属Ⅱ级建筑物，在其外缘加上 15m 的围护带宽度，得矩形 $abcd$，即建筑物受护面积边界。

（2）确定保护煤柱边界。

过四边形 $abcd$ 中心点，作煤层倾向剖面Ⅱ-Ⅱ和走向剖面Ⅰ-Ⅰ。

在剖面Ⅱ-Ⅱ上标出地表线、建筑物轮廓线、松散层和煤层等，注明煤层倾角 $\alpha=30°$、煤层厚度 $m=2.5$m、在建筑物中心下方埋藏深度 250m，并简要绘出地层柱状图。

在Ⅱ-Ⅱ剖面上，建筑物受护面积边界为 m、n；从 m、n 分别作松散层移动角 $\varphi=45°$，求出松散层与基岩接触面上的保护边界；从 m_1、n_1 点向下山方向作 $\gamma=73°$，向上山方向作 $\beta=55°$，与煤层底板相交于 m_2、n_2 点；将 m_2、n_2 投到平面图上得到 M、N 两点，通过 M、N 点分别作与煤层走向平行的直线，即为保护煤柱在下山和上山方向的煤柱边界线。

在沿走向剖面Ⅰ-Ⅰ上，受保护面积边界为 q、k。通过 q、k 作 $\varphi=45°$，求出松散层与基岩接触面上的保护边界 q_1、k_1 点；由 q_1、k_1 点作走向移动角 δ，分别与上山煤柱边界交于 q_2、k_2 点；与下山煤柱边界交于 q_3、k_3 点；将 q_2、k_2、 q_3、k_3 转投到平面图上，得 B、C、A、D 点，连接 $ABCD$，即得保护煤柱边界。

垂直剖面法留设保护煤柱时应注意以下规则：

（1）在倾向剖面图上：往煤层上山方向作 β 角，可求得上山煤柱边界，往煤层下山方向作 γ 角，可求得下山煤柱边界。

（2）在走向剖面图上：作 δ 角，深度不同求得走向煤柱宽度也不同，深度小时走向煤柱宽度小，深度大时走向煤柱宽度大。

（五）计算输入参数

（1）输入输电杆塔各角点坐标。

（2）输入煤层走向与大地坐标轴 x 轴的夹角 θ。

（3）输入维护带宽度。

（4）输入松散层厚度、移动角、煤层厚度、煤层倾角。

（5）输入上、下山移动角，以及走向移动角。

（6）输入煤层密度（用于下节的压覆资源量计算）。

（7）根据垂直剖面法留设煤柱的几何关系，采用数字化方法计算出保护煤柱的角点坐标、实际面积、煤柱体积及压煤量。

（六）数字化垂直剖面法保护煤柱设计

上述例题的解题过程太麻烦，为实现计算机自动编程计算，本系统在编制过程中，根据垂直剖面法的基本原理、其中的几何关系，将垂直剖面法的几何画图法进行数字化，数字化后的垂直剖面法有利于编程操作，推导过程如下：

首先将坐标系旋转到煤层走向为 x 正方向，右手坐标系，逆时针为 y 轴正方向，旋转角度为 θ 角。如图 5.8 所示，建立煤层走向方向为 x 轴，上山方向为 y 轴的平面坐标系统。计算完后再进行坐标旋转，给出各角点的大地坐标值。

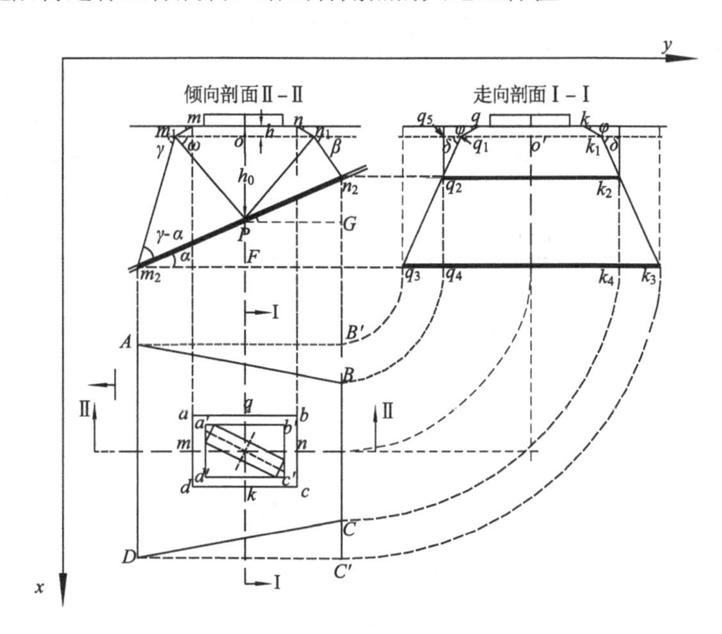

图 5.8　垂直剖面法保护煤柱设计数字化计算示意图

假设被保护建筑物的角点坐标为（x_i , y_i），围护带宽度为 S，则矩形保护边界的四个顶点 a、b、c、d 的坐标分别为

$$x_a=\min(x_i)-S,\quad y_a=\min(y_i)-S;\quad x_b=\min(x_i)-S,\quad y_b=\max(y_i)+S$$

$$x_c=\max(x_i)+S,\quad y_c=\max(y_i)+S;\quad x_d=\max(x_i)+S,\quad y_d=\min(y_i)-S$$

根据图 5.8，$oP=h_0-h$，$m_1o=(y_b-y_a)/2+h\times\cot\varphi$，$m_1P=n_1P=\sqrt{op^2+m_1o^2}$，$\angle\omega=\arctan(oP/m_1o)$，根据正弦定理：

$$\frac{m_2P}{\sin(180°-\gamma-\omega)}=\frac{m_1P}{\sin(\gamma-\alpha)} \tag{5.18}$$

则

$$m_2P=\frac{m_1P}{\sin(\gamma-\alpha)}\sin(180°-\gamma-\omega) \tag{5.19}$$

$$m_2F=m_2P\times\cos\alpha,\quad PF=m_2P\times\sin\alpha$$

同理，

$$n_2P=\frac{m_1P}{\sin(\beta+\alpha)}\sin(180°-\gamma-\omega) \tag{5.20}$$

$$n_2G=n_2P\times\sin\alpha,\quad PG=n_2P\times\cos\alpha$$

$$q_2q_4=PF+n_2G,\quad BB'=CC'=q_3q_4=q_2q_4\times\cot\delta$$

$q_1o' =（x_c - x_b）/2 + h \times \cot\varphi$，$q_5q_2 = h_0 - h - n_2G$，$q_5q_1 = q_5q_2 \times \cot\delta$

则压覆煤柱四角点 A、B、C、D 的坐标见表 5.6。

表 5.6　压覆煤柱角点坐标

角点	x	y
A	$x_a - h \times \cot\varphi - q_5q_1 - q_3q_4$	$y_a + (y_b - y_a)/2 - m_2F$
B	$x_a - h \times \cot\varphi - q_5q_1$	$y_a + (y_b - y_a)/2 + PG$
C	$x_c + h \times \cot\varphi + q_5q_1$	$y_a + (y_b - y_a)/2 + PG$
D	$x_c + h \times \cot\varphi + q_5q_1 + q_3q_4$	$y_a + (y_b - y_a)/2 - m_2F$

四、输电杆塔压覆资源量计算

设计好保护煤柱后，可利用式（5.22）计算保护煤柱压煤量，面积 A 即为梯形保护煤柱的面积。

$$A = \frac{1}{2}(BC + AD)MN \tag{5.21}$$

因输电杆塔留设煤柱而压覆的煤炭储量 Q 为

$$Q = \frac{A}{\cos\alpha} m \cdot \rho \tag{5.22}$$

式中，Q 为保护煤柱压覆的煤炭储量，t；A 为保护煤柱的面积，m^2；m 为煤层厚度，m；ρ 为煤的质量密度，t/m^3；α 为煤层倾角，（°）。

第六章　输电线路采动影响区地基稳定性评价系统（MFAT）

第一节　MFAT 预测系统

一、系统简介、基础平台及系统结构

（一）系统简介

“输电线路采动影响区地基稳定性评价系统”1.0 版是以 C#作为开发语言，VS2008.NET Framework 3.5 作为开发平台的环境下开发完成，简称 MFAT。该系统包含了杆塔地基采空区沉陷变形预计、残余变形预计、采空区小煤窑地基稳定性评价；采空区输电杆塔临界开采深度稳定性评价；输电杆塔安全保护煤柱设计及压覆资源量计算等内容。评价系统可以分析、计算采空区任意输电杆塔地基沿线路走向、垂直线路走向或任意方向的沉陷变形值、残余变形值。

软件采用智能化交互界面，数据输入窗口简洁明了并配有相关计算公式的详细解释、图示图例等。系统可输出 word 文档的计算结果，具有对输入的原始数据、计算结果的保存、读取功能，使用简捷、方便。

系统升级及二次开发方便便捷，很容易在 1.0 版本的基础上进行如动态开采沉陷变形预计、采空区输电线路路径优选、采空区注浆地基处理初步设计、开采引起的边坡稳定性分析等新增功能的二次开发。

（二）基础平台

MFAT 系统运行在 Windows 平台上，程序采用 C#语言开发，整个系统界面美观，操作简便，便于掌握，运算速度快。

软件支持环境、操作系统： Windows XP、Windows 7 均可。

开发平台：VS2008.NET Framework 3.5 软件支持。

使用插件：DotNetBar 7.4。

使用软件：Surfer8.0、AutoCAD2007。

系统要求：最低要求：1.6GHz CPU、384MB RAM、1024×768 显示器、5400RPM 硬盘。

建议配置：2.2GHz 或速度更快的 CPU、1024MB 或更大容量的 RAM、1280×1024 显示器、7200RPM 或更高转速的硬盘。

（三）系统结构

MFAT 系统分为输电杆塔地基矩形工作面开采沉陷预计、任意多边形工作面开采沉陷预计、多工作面开采沉陷预计、残余沉陷预计；根据实际要求设计有输电杆塔下小煤窑采空区稳定性分析、采空区输电杆塔临界开采深度稳定性评价；输电杆塔基础压覆资源量计算及输电杆塔安全保护煤柱设计几大部分。

系统软件具有计算结果保存、输入输出，沉陷区变形等值线绘制等功能。

二、系统软件的安装及卸载

软件安装："输电线路采动影响区地基稳定性评价系统"与 Windows 系列软件的安装布置相同。软件安装前需下列支撑软件，本系统会自动安装全部软件以方便系统运行。

（1）Microsoft .NET Framework 3.5 及以上版本。

（2）Microsoft .NET Framework 3.5 及以上版本中文语言包。

（3）AutoCAD2007、Suffer8.0 （AutoCAD2007、Suffer8.0 需自行安装）。

点击运行文件夹中的 Setup，会出现图 6.1 的软件安装界面，按提示选择操作，单击【下一步（N）】按钮即可。

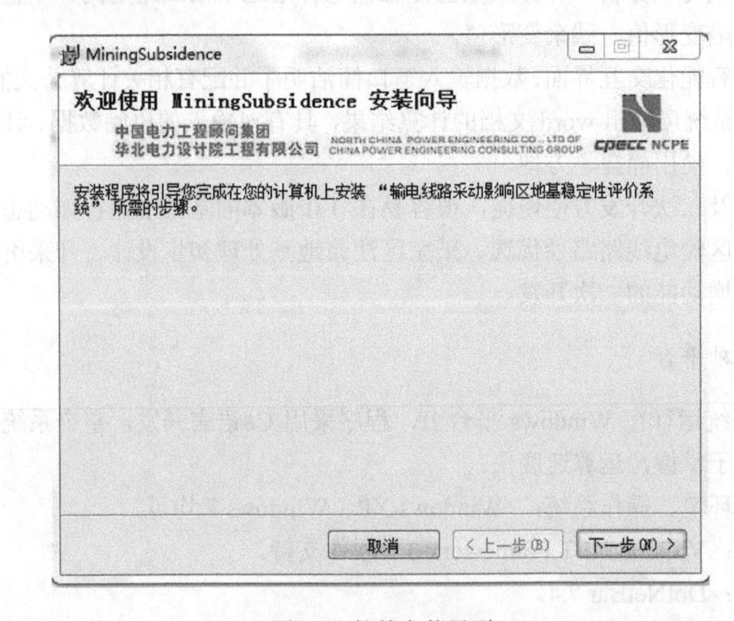

图 6.1　软件安装界面

出现图 6.2 的安装路径选择提示窗口，提示安装人员选择安装路径，也可以将根目录下的 "华北电力设计院" 更改为其他名称，点击【下一步（N）】继续安装即可。

当出现完成提示界面后，点击【关闭】按钮，全部安装完成，安装完成后会在相应的安装路径下出现 MiningSubsidence Setup 文件夹，桌面上会显示快捷键启动图标。

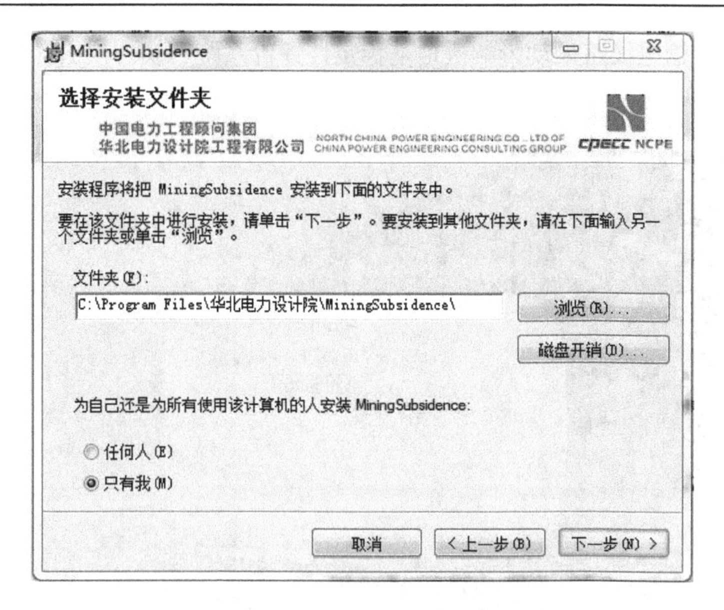

图 6.2 软件安装路径选择界面

注意事项：安装过程中，对于出现在桌面上的运行图标或安装过程中被杀毒软件误认为是病毒的情况，请在杀毒软件设置中添加信任，或关掉杀毒软件后安装，然后在杀毒软件中对本系统添加信任。

为确保本软件的版权，软件设计有注册机，只有同时拥有软件及注册机才可确保软件正常运行，第一次运行该软件桌面会出现需要注册的系统提示（图 6.3），请使用人注册使用，可点击注册机文件夹中的 Register 进行注册（图 6.4），密钥可以输入任意数据，点击注册，将形成的 Register.dll 注册文件剪切，粘贴到安装目录下即可。

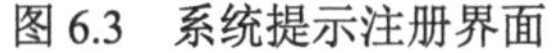

图 6.3 系统提示注册界面

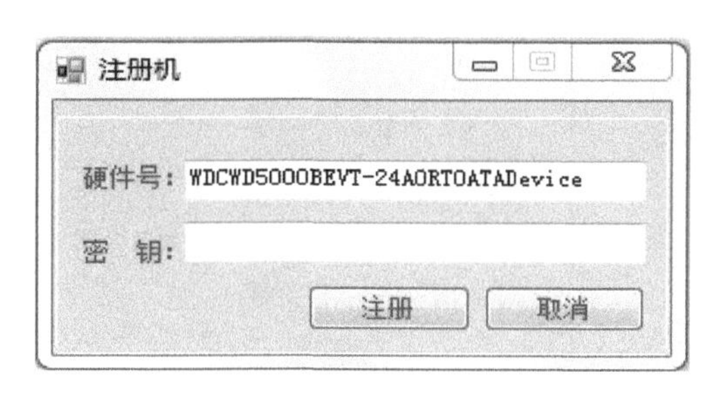

图 6.4 注册文件形成界面

软件的卸载较简单，可参照常规软件卸载即可。

三、 软件启动及主要功能

（一）软件启动及数据管理

点击“开始”菜单下的“所有程序”下的“输电线路采动影响区地基稳定性评价系统”，启动程序（也可点击桌面上的“输电线路采动影响区地基稳定性评价系统”图标）。

启动过程显示“输电线路采动影响区地基稳定性评价系统”淡入淡出的界面，如图 6.5 所示。

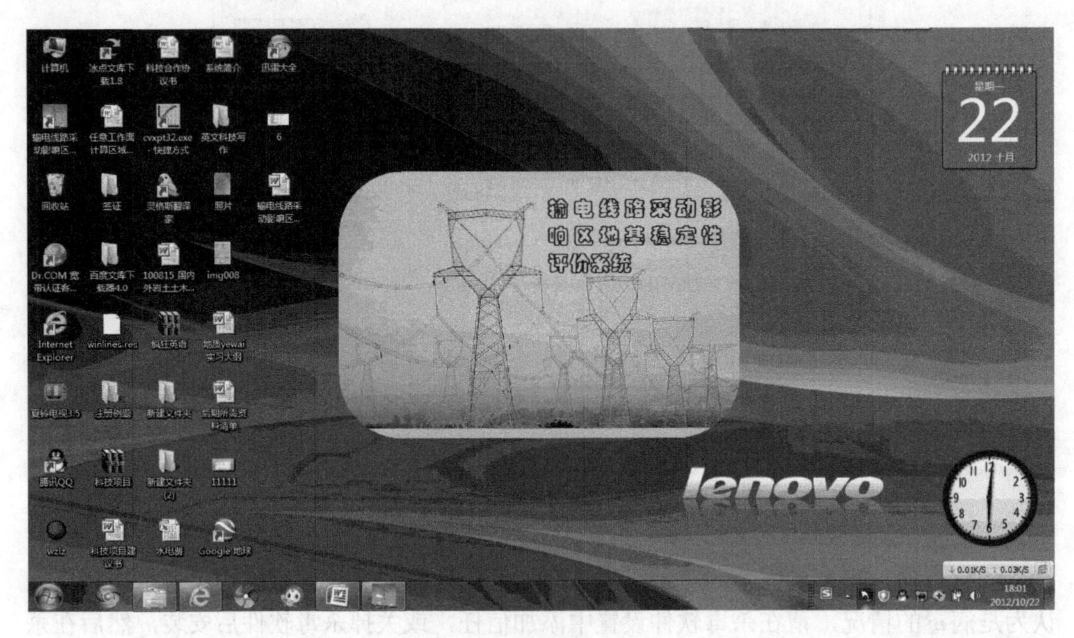

图 6.5　软件启动界面

启动完成后，系统界面如图 6.6 所示，界面左上角仅显示打开工程和新建工程两项。

图 6.6　软件启动完成界面

（1）点击【新建工程】，在弹出界面窗口输入新建工程名称，选择保存路径，点击确定后会出现新建工程计算参数录入界面，录入相关参数计算后，选择保存数据库，该新建项目的内容会保存到数据库中，如图 6.7 所示。

（2）点击【打开工程】，选择已经保存过文件的路径，点击相应工程，点击打开后，可将原来已保存的工程项目及相关计算内容调入到程序中。保存和调入相关工程项目只需找到相关路径即可（图 6.8）。本系统数据库文件的格式为*.mdb。

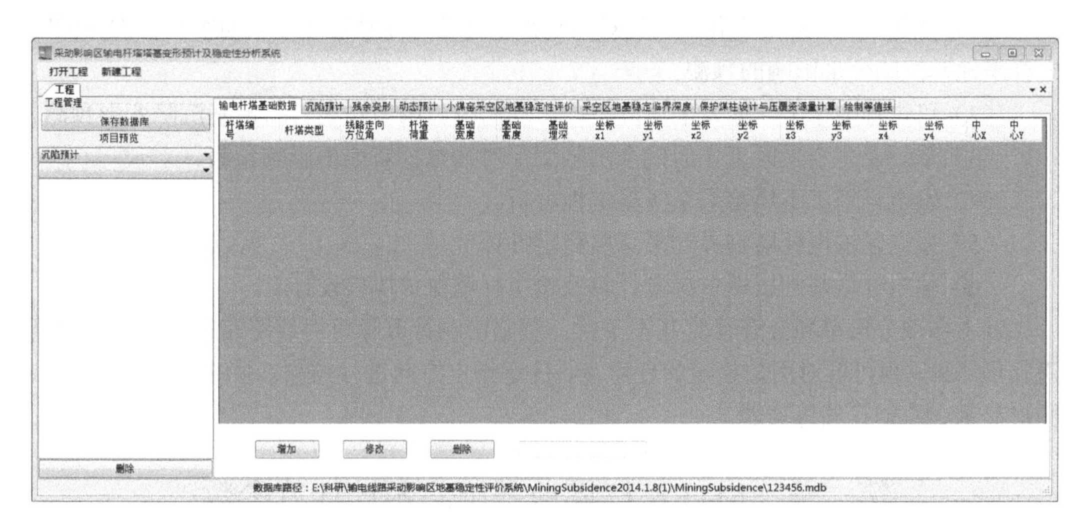

图 6.7　新建工程参数录入界面

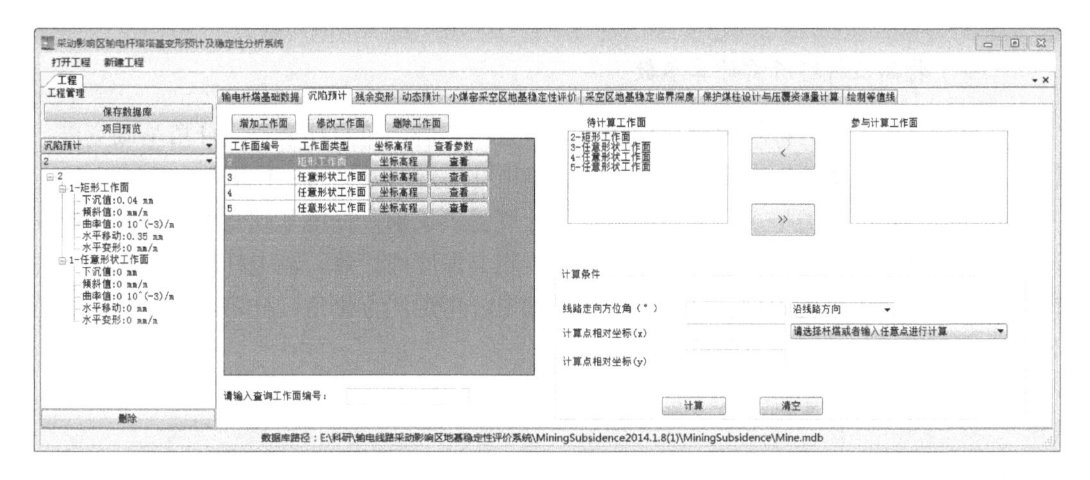

图 6.8　工程管理区操作界面

（3）在右侧项目分析计算区，可进行输电杆塔基础数据、沉陷预计、残余变形预计、采空区地基稳定临界深度计算等相关项目数据的输入、计算、修改及保存功能的相关操作。

点击工程管理区【沉陷预计】，可在管理区显示静态沉陷预计、残余变形预计的计算结果，点击下部下拉菜单，选择相应计算编号或计算项目名称即可。选定计算项目名称后可对该项目名称进行计算项目名称的修改或删除。有利于计算人员对比分析不同情况下变形预计结果。

界面左侧工程管理区显示的沉陷变形计算结果是计算人员在沉陷预计（包含静态变形预计、残余变形预计）中计算完成后程序保存的相应计算结果，如图 6.8 所示。

（二）MFAT 系统主要功能

本系统主要功能如下：

（1）可进行单一矩形工作面、任意多边形工作面开采情况下，采动影响范围内的输电杆塔地基沉陷变形影响的预测。

（2）可进行多个工作面开采情况下，采动影响范围内输电杆塔地基沉陷变形预测。

（3）单一及多个采区工作面残余沉陷变形对输电杆塔地基影响预测。

（4）输电杆塔下小煤窑采空区稳定性分析。

（5）采空区输电杆塔临界开采深度稳定性评价。

（6）输电杆塔基础压覆资源量计算及输电杆塔保护煤柱设计。

以上各部分可单独分开计算互不干扰，沉陷影响计算除可对线路路径上的杆塔地基进行预测外，也可针对用户指定的任意点、任意指定方向进行预测。系统具有数据计算、图形显示、数据存储等功能。

第二节　MTFA 杆塔地基沉陷预计计算参数

一、特高压杆塔基础参数

（一）特高压杆塔所需计算参数

计算所需的参数为杆塔编号、杆塔类型（直线杆塔、转角杆塔）、杆塔基础宽度、杆塔基础埋深、杆塔基础高度、杆塔荷重、输电杆塔走向方位角、杆塔基础中心坐标。

杆塔编号及杆塔类型主要为后续杆塔的计算提供识别；杆塔基础宽度、杆塔基础埋深、杆塔基础高度、杆塔荷重可为采空区稳定临界深度的计算、输电杆塔安全保护煤柱设计及输电杆塔压覆资源量计算提供数据；输电杆塔走向方位角、杆塔基础中心坐标是为计算输电杆塔基础四角点坐标提供数据。

（二）输电杆塔基础各角点坐标的计算

1. 输电杆塔走向方位角

输电杆塔走向方位角是大地坐标系 X 轴正方向逆时针旋转到输电线路走向的角度，杆塔角点坐标（X_1，Y_1）为线路进塔方向杆塔基础左下角点的坐标，其他角点的坐标顺时针标注。如图 6.9 所示。

2. 输电杆塔基础各角点坐标的自动计算

一般情况下，容易确定输电杆塔基础中心点坐标，在输电杆塔基础的沉陷分析中，

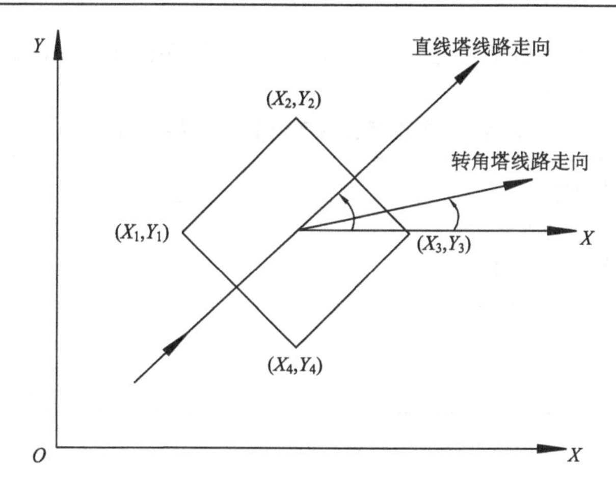

图 6.9　输电杆塔角点坐标及线路走向方位角

线路走向方位角为 X 轴正方向逆时针旋转到线路走向的角度；（X_1，Y_1）点为线路进塔方向左下角；其他坐标顺时针标注

为计算基础各角点的变形，就需要确定各角点的坐标，在已知杆塔基础中心点坐标及线路走向方位角的情况下，利用坐标变换很容易确定输电杆塔其他角点的坐标。具体步骤如下：

（1）确定系统坐标系中某输电杆塔的基础中心坐标，基础宽度。

（2）确定线路走向方位角 θ。

（3）进行坐标变换，将系统坐标系逆时针旋转 θ 角，使得坐标系 X 正方向与线路走向重合。

（4）根据坐标变换后的基础中心点坐标、基础宽度，利用几何关系确定输电杆塔各角点的坐标。

（5）进行坐标变换，将系统坐标系顺时针旋转 θ 角，恢复到系统坐标位置，读出变换后各角点坐标即可。

有关坐标变换的相关内容及计算公式，可参考本书相关章节。

二、沉陷变形预测参数及回采工作面参数

（一）概率积分法计算主要参数

在使用概率积分法预计地表移动变形中，需要确定的参数有下沉系数 η、主要影响角正切 $\tan\beta$、水平移动系数 b。

1. 下沉系数 η

下沉系数是充分采动条件下，地表最大下沉值与平均开采厚度之比：

$$\eta = \frac{W_{\max}}{m\cos\alpha} \tag{6.1}$$

下沉系数与顶板管理方法及覆岩岩性有关，表 6.1 给出了各种顶板管理方法时，下

沉系数的经验值。表 6. 2 给出了按覆岩岩性区分的概率积分法参数的经验值。

表 6. 1 下沉系数与顶板管理方法的关系

顶板管理方法	充分采动下沉系数η
全部垮落法	0.45～0.95
带状充填法（外来材料）	0.55～0.70
干式全部充填法（外来材料）	0.40～0.50
风力充填法	0.30～0.40
水砂充填法	0.06～0.20

2. 水平移动系数 *b*

水平移动系数 b 为充分采动时，走向主断面上最大水平移动值与最大地表下沉值的比值。

$$b = \frac{U_{\max}}{W_{\max}} \tag{6.2}$$

式中，$U_{\max}$为最大水平移动值；$W_{\max}$为最大下沉值。

我国煤矿矿区的水平移动系数 b 一般为 0.1～0.4。《建筑物、水体、铁路及主要井巷煤柱留设与压煤开采规程》指出，在没有本矿区基本实测资料的经验参数时，可依预计的开采覆岩性质按表 6. 2 确定概率积分法参数。

3. 主要影响角正切 $\tan\beta$

主要影响角正切为走向主断面上边界采深 H_z 与其主要影响半径 r_z 之比。

$$\tan\beta = \frac{H_z}{r_z} \tag{6.3}$$

主要影响角正切 $\tan\beta$的值与覆岩岩性有关，覆岩岩性越软、$\tan\beta$ 值越大；反之，覆岩岩性越硬、$\tan\beta$ 值越小。我国一般地质采矿条件下的矿区 $\tan\beta$ 值为 1.0～3.8，常见的为 1.2～2.6（表 6. 2）。

4. 拐点偏移距 s_0

下沉曲线的拐点，间拐点投影到煤层上得到的就按边界与实际边界之间的距离，是考虑悬臂作用引起的拐点偏移距离。

一般地质采煤条件下，可参考表 6.2。

5. 开采影响传播角 θ_0 及影响传播系数 *k*

影响传播角为充分采动时，倾向主断面上地表最大下沉值 W_{cm} 与该点水平移动值 U_{wcm} 比值的反正切。

表 6.2　按覆岩性质区分的概率积分参数

覆岩类型	概率积分法经验参数					
	主要岩性	q	b	$\tan\beta$	s_0/H	影响传播系数 k
坚硬	大部分以中生代地层硬砂岩、硬灰岩为主，其他为砂质页岩、页岩、辉绿岩	0.27～0.54	0.2～0.3	1.2～1.91	0.31～0.43	0.7～0.8
中硬	大部分以中生代地层中硬砂岩、灰岩、砂质页岩为主。其他为软砾岩、致密泥灰岩、铁矿石	0.55～0.84	0.2～0.3	1.92～2.4	0.08～0.3	0.6～0.7
软弱	大部分为新生代地层砂质页岩、页岩、泥灰岩及黏土、砂质黏土等松散层	0.85～1.0	0.2～0.3	2.41～3.54	0～0.07	0.5～0.6

$$\theta_0 = \arctan \frac{W_{\mathrm{cm}}}{U_{\mathrm{wcm}}} \tag{6.4}$$

一般可采用下式计算：

$$\theta_0 = 90^\circ - k\alpha \tag{6.5}$$

式中，k 为影响传播系数；α 为煤层倾角。

（二）概率积分法主要参数经验值

我国《建筑物、水体、铁路及主要井巷煤柱留设与压煤开采规程》根据大量数据统计分析，给出了概率积分法计算参数的一些相关经验指标（表 6. 2），在无矿区实际观测资料时，可供计算时参考。

（三）回采工作面参数

根据编程计算的需要，回采工作面进行概率积分法计算，需要输入的工作面计算参数为：工作面编号、工作面角点坐标、工作面角点高程、拐点偏移距 S_0、煤层厚度、X 坐标轴正方向逆时针旋转到煤层走向线的夹角。

三、残余变形计算

《建筑物、水体、铁路及主要井巷煤柱留设与压煤开采规程》规定，地表沉陷盆地沉降量为10mm 的时间为移动期开始时间，地表沉降趋于稳定的标准是连续观测 6 个月，地表各点的累计下沉值不超过 30mm 时，可认为地表移动期结束，这一段时间为地表移动延续时间（T），这一稳定称为初始稳定，已完成的地表变形称为初始变形（初始沉降），即用静态方法计算的开采沉陷变形值。以后再发生的地表变形称为残余变形（残余沉降）。

本系统规定如下：总残余变形值，指达到完全稳定后可以达到的总的残余变形值；残余变形值，指在时间 t（$t>T$）计算得到的残余变形值；剩余残余变形值，为总残余变形值与残余变形值之差。

1. 地表移动延续时间 *T*

地表移动延续时间 T 可根据矿山测量观测资料得出，如无实测资料时，可按照下列公式计算：

$$T = 2.5H_0 \tag{6.6}$$

式中，T 为地表移动延续时间，d；H_0 为工作面平均采深，m。

2. Knothe 时间函数

波兰学者 Knothe 假定地表某点的下沉速度 $\frac{\partial W(t)}{\partial t}$ 与该点最终下沉值和某时刻 t 的动态下沉值 W（t）之差成正比，即

$$\frac{\partial W(t)}{\partial t} = c\left[W_0 - W(t)\right] \tag{6.7}$$

应用初始时刻边界条件 $t = 0$，W（t）$= 0$，通过解微分方程，得出了地表某点下沉量与时间关系的函数模型，即

$$W(t) = W_0\left(1 - \mathrm{e}^{-ct}\right) \tag{6.8}$$

式中，c 为与上覆岩层力学性质有关的时间影响参数，1/a。

式(6.8)即为基于 Knothe 时间函数的地表移动动态预测的下沉表达式，令 $\varphi(t)=1-\mathrm{e}^{-ct}$，在 Knothe 地表移动动态预测模型中，$\varphi$（$t$）即为地表下沉的时间影响函数。

3. 残余下沉系数 *q′*

根据前面的定义，一般认为地表沉陷达到初始变形稳定后，后续时间内还会出现残余变形，残余变形的形态与静态预计的形态完全一致，一般认为 $q' = q_{最大} - q$ ，有人认为 $q_{最大}$ 极限值可取为 1，即 $q' = 1-q$，计算结果偏大。

为安全起见，本系统采用下面公式计算残余下沉系数 q' ：

$$q' = 1-q \tag{6.9}$$

式中，q' 为残余下沉系数；q 为静态预计常规下沉系数。

4. 残余变形值的计算

根据给定的预计时间点，结合地表移动的延续时间（T），确定残余沉降计算时间 t，结合时间影响参数 c，计算时间函数 φ（t），调用相应的静态预计程序，计算相应的变形值，然后用变形值乘以时间函数，该结果即为相应的残余变形值。

第三节　数据的录入及计算

一、输电杆塔基础数据输入

程序启动后，点击右侧项目计算区中的【输电杆塔基础数据】，显示出所有输入的输电线路杆塔基础数据（图 6.10），计算人员可根据需要，点击窗口左下部的按钮，对所有输电杆塔基础数据进行修改、删除及增加新的杆塔基础数据，如图 6.10 和图 6.11 所示。

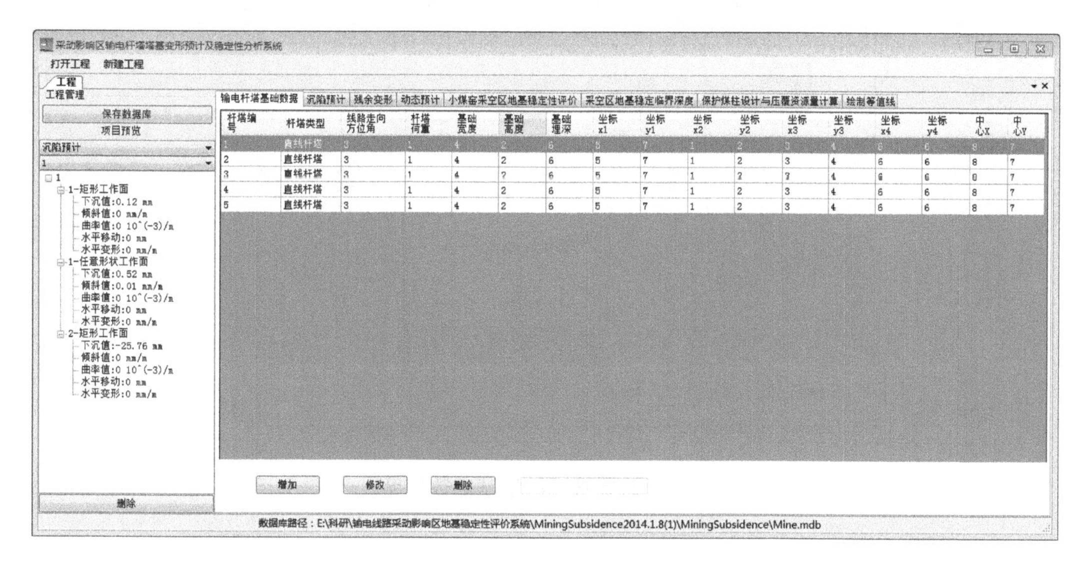

图 6.10　输电杆塔基础数据界面

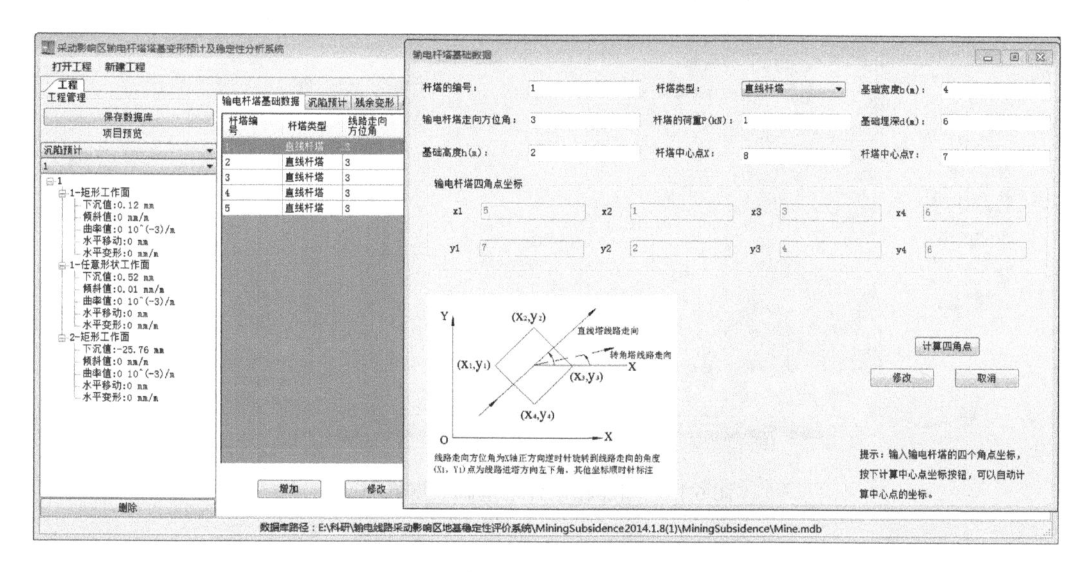

图 6.11　输电杆塔基础数据修改界面

可以修改及新增输入界面中附有杆塔基础坐标输入示意图，计算人员只需输入杆塔基础中心点坐标、基础宽度及线路走向方位角的数据，点击【计算四角点】，程序即可自动换算出基础四角点坐标。其他数据输入的相关注意事项，可参考图中的标注及说明。

需注意的是：本系统规定，线路走向方位角为大地坐标系 X 轴正方向逆时针旋转到指定方向的角度。图中输入的输电杆塔基础中心及基础四角的坐标为大地坐标系中的坐标。如图 6.12、图 6.13 中的示意图。

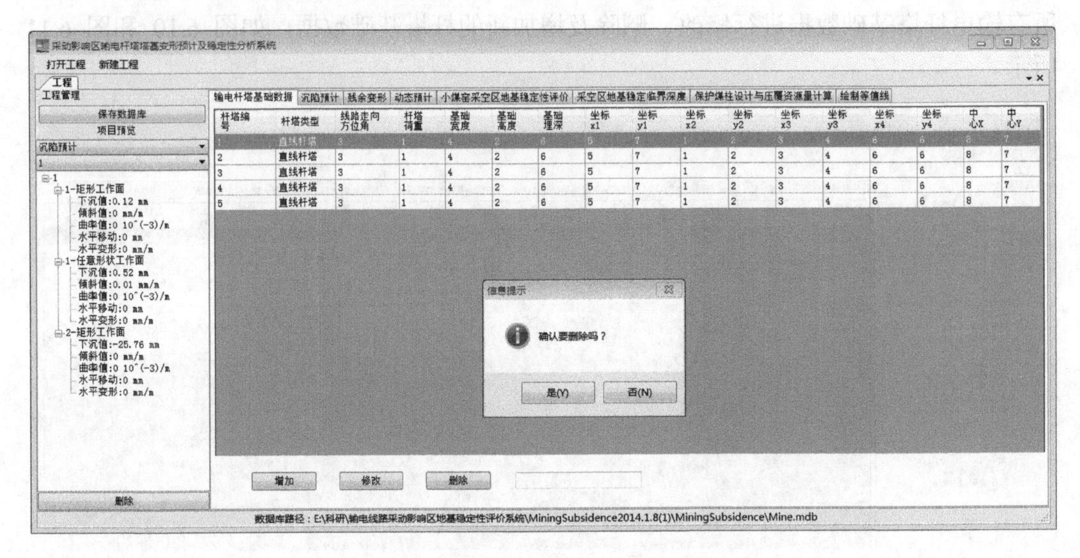

图 6.12　删除输电杆塔基础数据界面

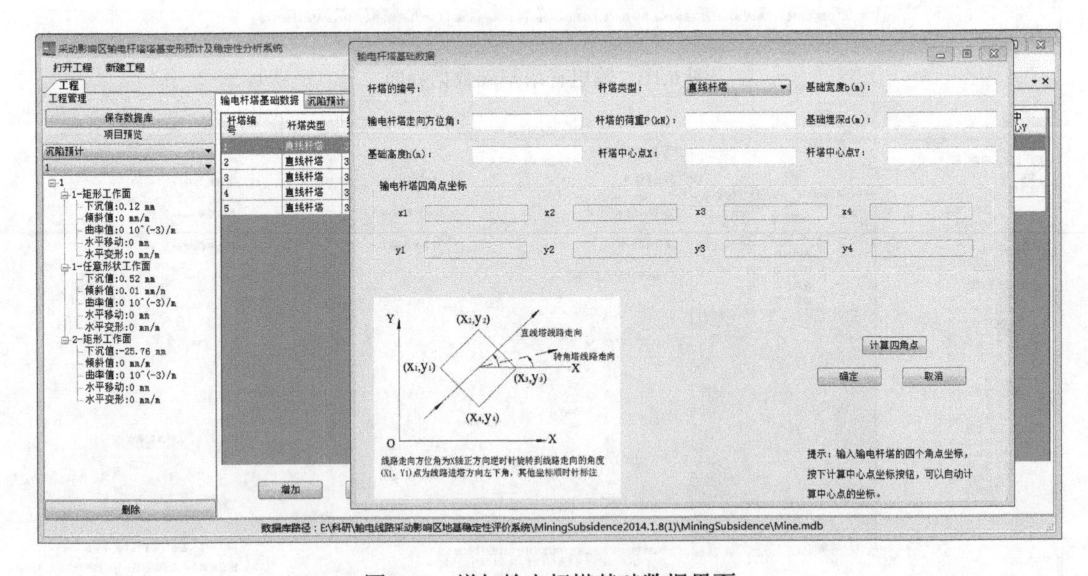

图 6.13　增加输电杆塔基础数据界面

二、静态沉陷预计

（一）开采工作面数据输入

点击系统右侧项目计算界面上的【沉陷预计】按钮，可进入开采沉陷预计界面，沉陷预计计算界面分为两部分，左侧为开采工作面基础数据窗口，右侧为参与沉陷计算工作面选择窗口，右侧窗口下部为计算点选择区域，如图 6.14 所示。注意事项如下：

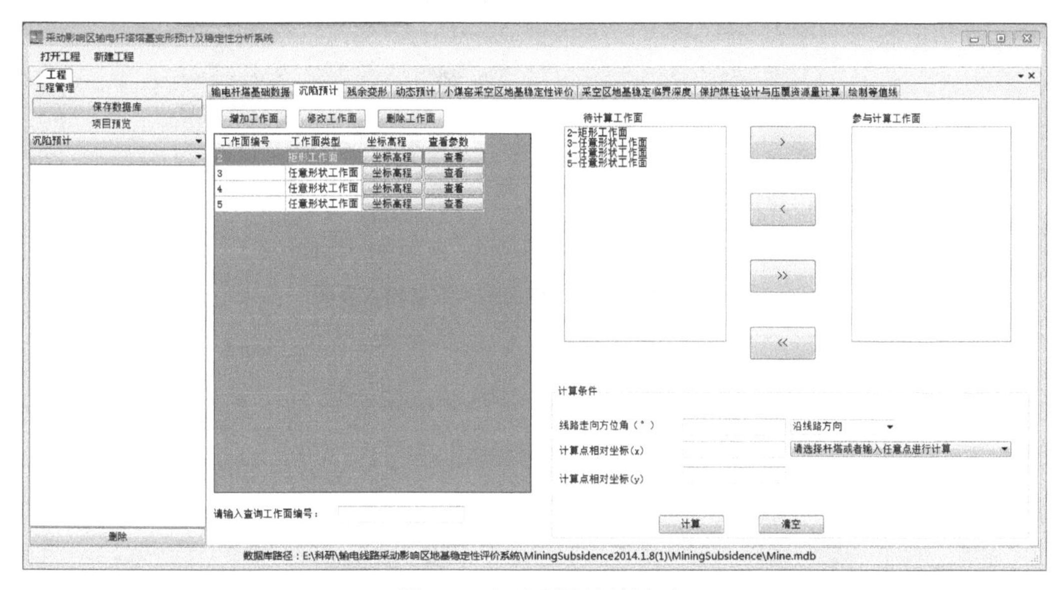

图 6.14　沉陷预计计算界面

（1）左侧开采工作面基础数据输入窗口可选择【增加工作面】、【修改工作面】及【删除工作面】，点击相应的按钮即可。

（2）选择【增加工作面】后可点击工作面参数界面左上角，选择输入【矩形工作面参数】还是【任意工作面参数】，根据选择，按要求输入不同工作面参数。增加矩形开采工作面输入参数界面如图 6.15 所示。点击界面中的【概率积分法经验参数经验值】按钮可出现参数选取提示框，具体参数见表 6.2。

（3）用鼠标点击某开采工作面（点击后背景显示为绿色）后，点击【修改工作面】，计算人员可对指定的工作面编号等相关参数进行修改，如图 6.16 所示。

（4）用鼠标点击某开采工作面（点击后背景显示为绿色）后，点击【删除工作面】，则出现是否删除该工作面的提示框，可进行相关操作。

（5）用鼠标点击某开采工作面（点击后背景显示为绿色）后，点击查看，计算人员可查看输入的该工作面的相关参数，但不可修改。

（6）对于窗口中因工作面过多不能显示的工作面，可在左侧开采工作面基础数据窗口最下部的“请输入查询工作面编号”窗口，输入需要查询的工作面编号，输入后可在上部窗口中显示相关数据，删除输入的需要查询工作面编号后，窗口恢复原来显示状况。

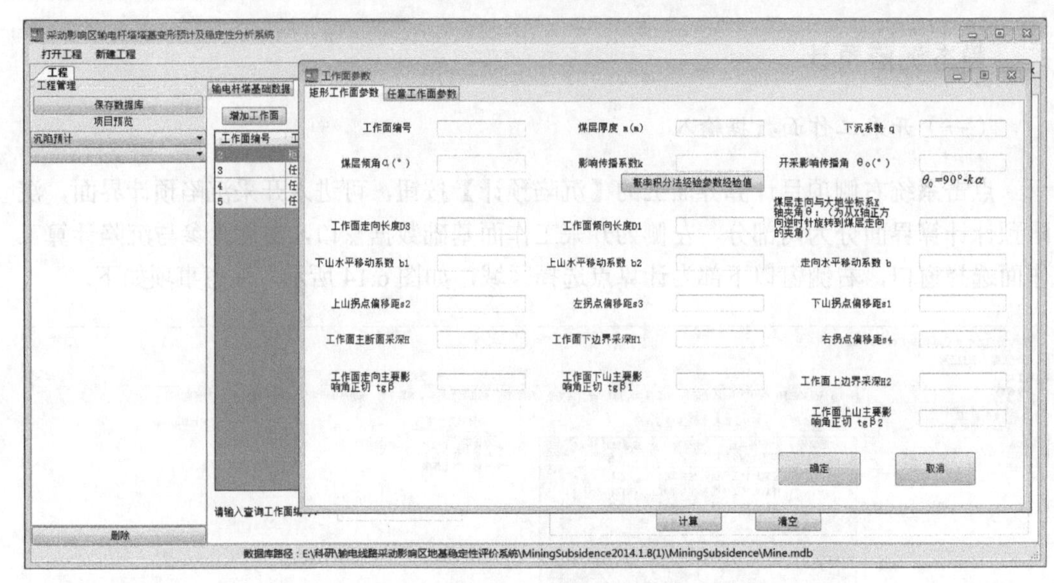

图 6.15　增加开采工作面基本数据输入界面

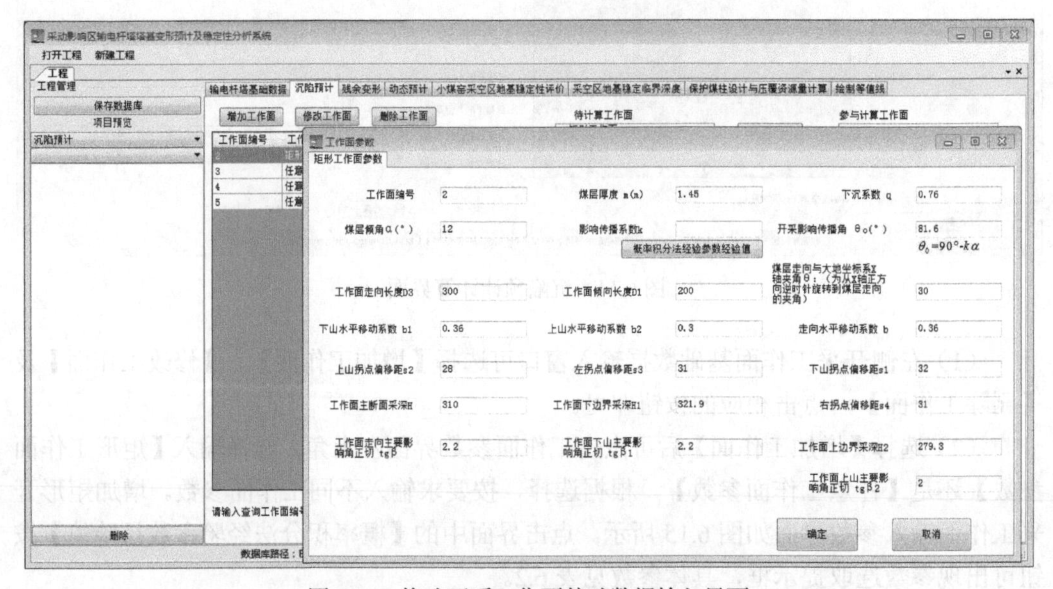

图 6.16　修改开采工作面基础数据输入界面

（7）计算人员可根据实际情况选择是矩形工作面还是任意多边形工作面（本系统规定，多边形工作面为凸边形，对于凹形应划分为凸边形后再进行计算。

（8）一般情况下，矩形工作面的回采方向与煤层走向是一致的，当出现矩形工作面开采方向与煤层走向不一致的情况时，可将该矩形工作面设定为任意工作面进行计算。

（9）坐标与高程的输入。点击坐标高程，可输入相应工作面的坐标及埋深数据：①对矩形工作面，鼠标点击某开采工作面（背景显示为绿色）后，可点击【坐标高程】，选择增加、修改或删除某工作面的坐标及相应拐点偏移距等信息。矩形工作面要求仅输入工作面左下角大地坐标即可。埋深可输入工作面平均埋深。②对任意多边形工作面，要求首先输入工作面左下角坐标，并按逆时针顺序依次输入其他角点的坐标、相应的埋深、X和Y方向的拐点偏移距及方向。③任意工作面拐点偏移距的输入。

S_x向采区内移动，方向与X轴正方向同向，输入正值；向采区内移动，方向与X轴正方向相反，输入负值。S_x向采区外移动，方向与X轴正方向同向，输入正值；向采区外移动，方向与X轴正方向相反，输入负值。S_y不管上山方向（上边界）还是下山方向（下边界），向采区内移动，输入正值；向采区外移动，输入负值。

开采边界临近老采空区，一般向采区外移动；开采边界周围未采，一般向采区内移动。

（10）注意事项如下：①矩形工作面，可按提示输入相关数据即可，输入窗口中的煤层走向与大地坐标X轴的夹角，应为从大地坐标的X轴正向逆时针旋转到煤层走向的夹角。②任意多边形工作面，因采用直接积分法进行计算，输入的数据相对较少，同样，煤层走向与大地坐标X轴的夹角，应为从大地坐标的X轴正向逆时针旋转到煤层走向的夹角。

（二）沉陷变形计算

输电杆塔沉陷变形预测的计算在界面的右侧，如图 6.14 所示。计算界面分为左右两个窗口，如图 6.17 所示。左侧窗口显示所有待参与计算的开采工作面，右侧窗口显示参与计算的工作面。计算人员可点选左侧“待计算工作面”窗口中的某工作面，点击【>】按钮，将该工作面移入到右侧参与计算工作面中，也可在右侧的参与计算工作面中点选某工作面，将其移出到左侧待计算工作面窗口中不参与计算，也可应用【≫】按钮和【≪】按钮，将左侧待计算工作面中的所有工作面一次性移入到右侧参与计算工作面窗口中参与计算或相反。计算人员可根据实际情况选择参与计算的工作面个数。

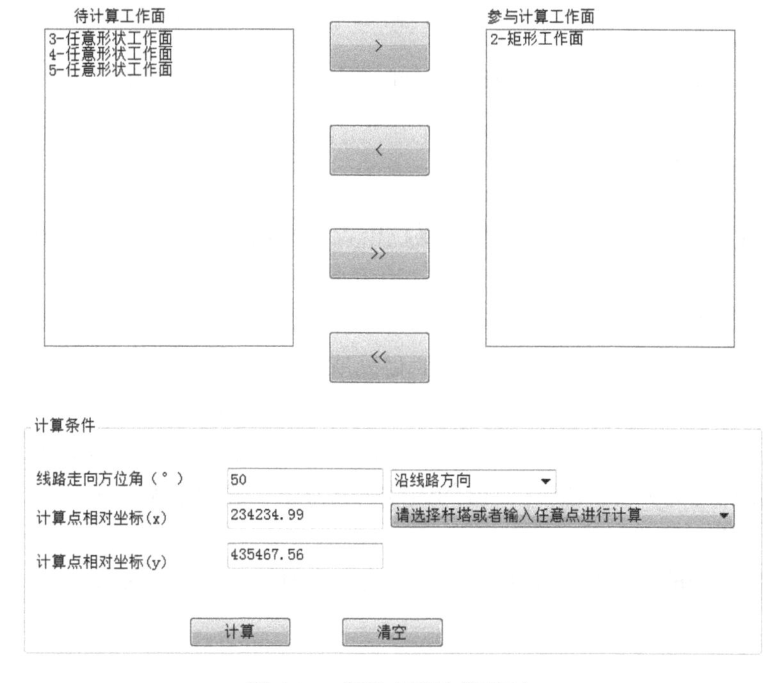

图 6.17　沉陷变形计算界面

图 6.17 的沉陷变形计算界面下部为计算条件参数输入窗口，如杆塔选择窗口显示“请选择杆塔或者输入任意点进行计算”，则可在计算点数据输入窗口选择输入任意点的计算坐标及任意方向来计算该点的沉陷变形值。如在“请选择杆塔或者输入任意点进行计算”窗口选择相应的输电杆塔，则计算点数据输入窗口会自动出现选定输电杆塔的坐标、线路走向方位角等相应数据，点击计算，程序会计算选定的输电杆塔基础中心点的线路走向或垂直线路走向的沉陷变形值，如图 6.18 所示。计算人员可选择是否保存该计算结果。如选择保存该结果，需在图 6.18 所示计算结果界面的“项目名称”窗口内输入任意名称或编号，点击【保存】即可。

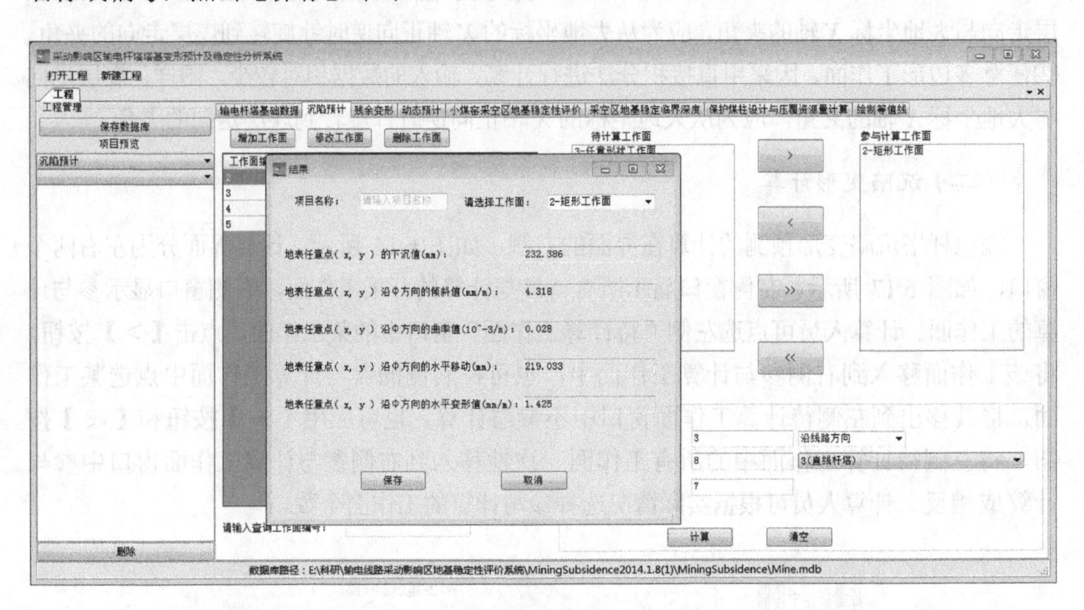

图 6.18　选定的输电杆塔沿线路走向计算的沉陷变形显示界面

三、残余变形预计

《建筑物、水体、铁路及主要井巷煤柱留设与压煤开采规程》规定地表沉陷盆地沉降量为 10mm 的时间为移动期开始时间，地表沉降趋于稳定的标准是连续观测 6 个月，地表各点的累计下沉值不超过 30mm 时，可认为地表移动期结束，这一段时间为地表移动延续时间（T），这一稳定称为初始稳定，已完成的地表变形称为初始变形（初始沉降），即用静态方法计算的开采沉陷变形值。以后再发生的地表变形称为残余变形（残余沉降）。本系统规定如下：总残余变形值，是指达到完全稳定后可以达到的总的残余变形值；残余变形值，指在时间 t（$t>T$）计算得到的残余变形值；剩余残余变形值，为总残余变形值与残余变形值之差。

点击计算界面的【残余变形】，进入残余变形值计算界面，如图 6.19 所示。

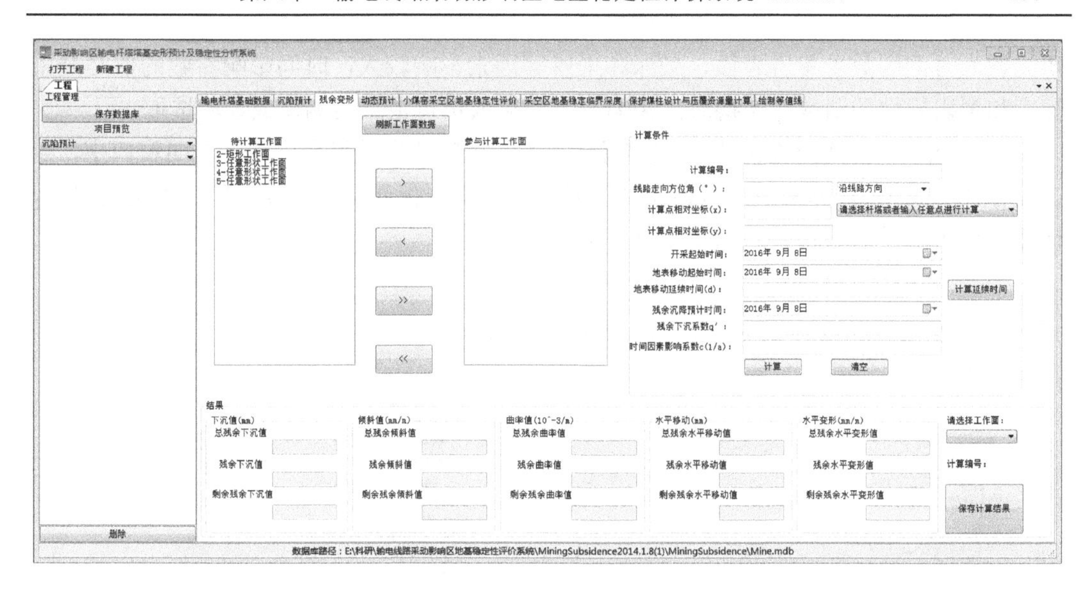

图 6.19　残余变形计算界面

（1）计算方法类似于静态计算，选择计算工作面前应首先点击【刷新工作面数据】，在“待计算工作面”窗口选择相应编号，点击【>】，将工作面导入到“参与计算工作面”窗口内，可多选工作面进行叠加计算。

（2）在计算条件窗口输入计算点坐标等相关资料，也可在“请选择杆塔或者输入任意点进行计算”窗口选择相应的输电杆塔，输电杆塔相应数据会自动出现在计算窗口，如图 6.19 所示。

（3）地表移动延续时间可根据矿山测量观测资料得出的实际结果输入相应的天数，如无实测资料时，也可点击【计算延续时间】，输入开采工作面平均采深，点击计算，相应结果会出现在地表移动延续时间窗口内，如图 6.20 所示。

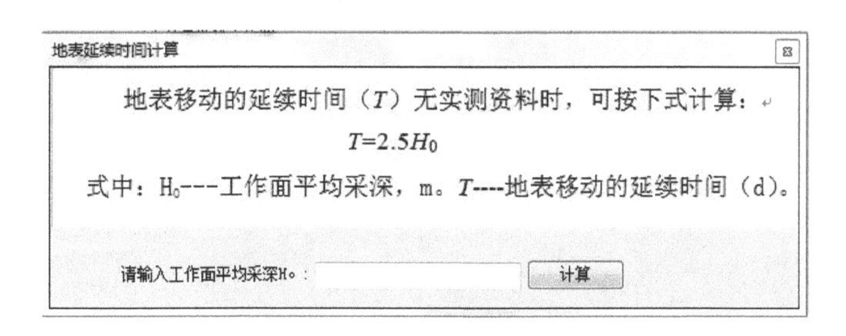

图 6.20　地表移动延续时间计算界面

（4）关于残余下沉系数：一般认为 $q'=q_{最大}-q$，有人认为 $q_{最大}$极限值可取为 1，即 $q'=1-q$，计算结果偏大。计算人员可根据实际或经验选择输入。

（5）关于时间影响参数 c：c 值的界定值为，采深较浅，覆岩松散较软，c 为 2.5～3.0；采深较浅覆岩较硬，c 为 2.0～2.5；采深较大，覆岩较软，c 为 1.5～2.0；采深较大，覆岩较硬，c 为 1.0～1.5。在重复采动条件下 c 值一般小于 1（余学义，2001）。有学者研究认为时间因数受覆岩岩性、采深和采厚等因素影响较大，时间影响参数的值是开采深度和覆岩岩性的函数（李德海，2004），计算人员可根据实测值或经验选取。

（6）相关数据输入完成后，点击【计算】，相应计算结果会出现在下面窗口中，点击保存计算结果，计算结果会保存在系统界面左侧工程管理窗口相应的项目预览窗口中，计算人员可随时点击查看，如图 6.21 所示。

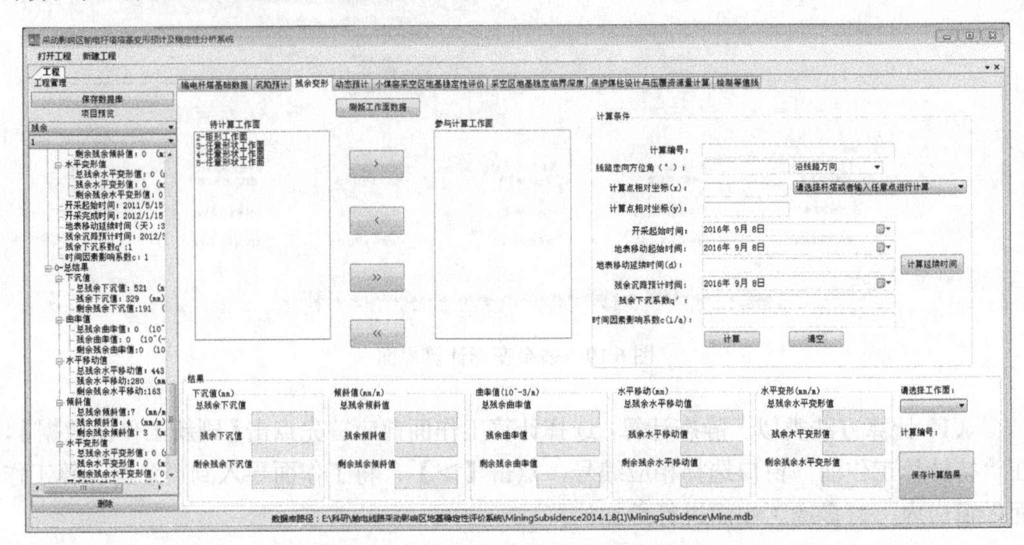

图 6.21　残余变形计算与数据保存界面

四、小煤窑采空区地基稳定性评价

点击小煤窑采空区地基稳定性评价按钮，可进行小煤窑采空区地基稳定性评价计算，小煤窑地基稳定性评价分为：“小煤窑顶板自重稳定性评价”（图 6.22）和“考虑建筑物基底压力下小煤窑顶板稳定性”（图 6.23）两种情况。

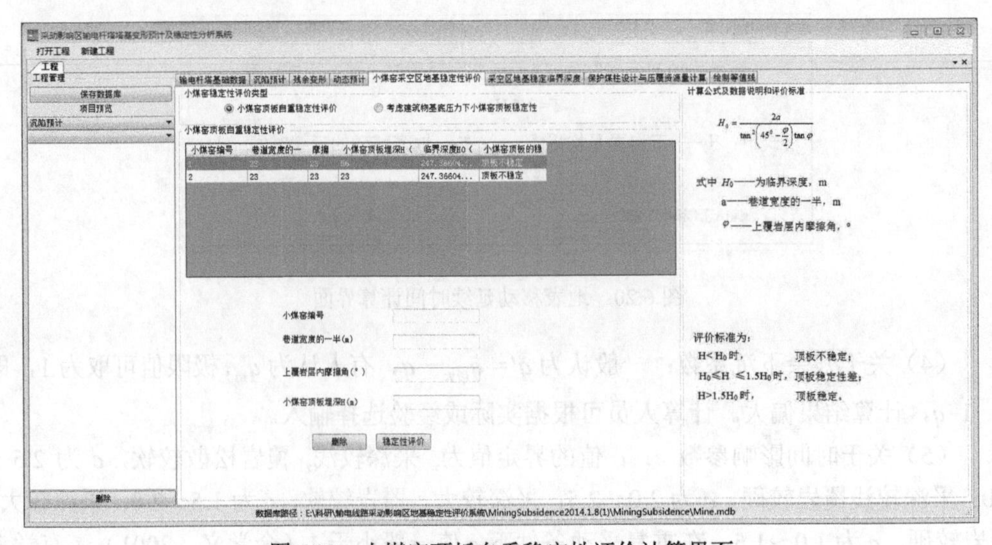

图 6.22　小煤窑顶板自重稳定性评价计算界面

（1）小煤窑顶板自重稳定性评价，按照界面提示输入相关数据，点击【稳定性评价】即可，计算结果会显示在上面评价结果保存窗口内（图 6.22）。

（2）考虑建筑物基底压力下小煤窑顶板稳定性评价，按照界面提示输入相关数据，点击【稳定性评价】即可，如图 6.23 所示。

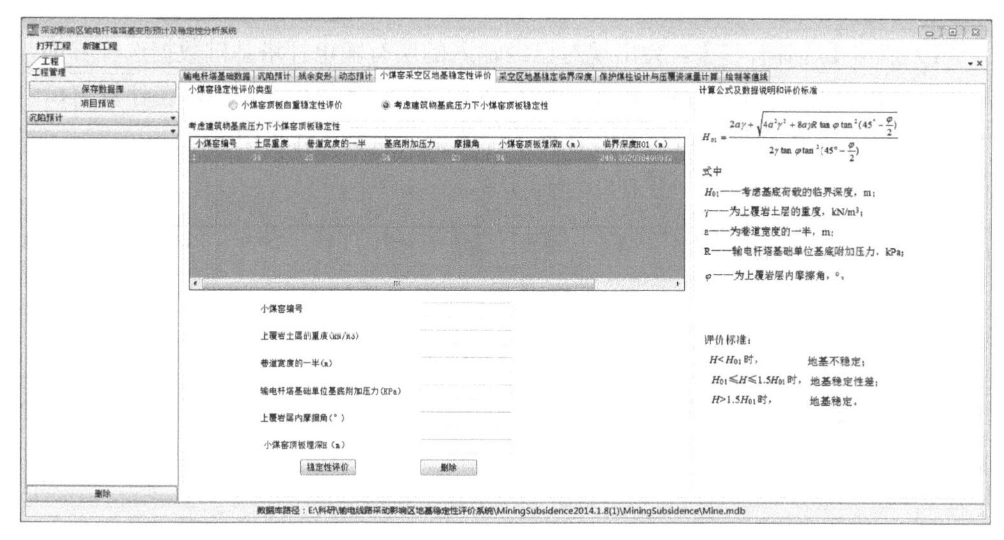

图 6.23　考虑建筑物基底压力下小煤窑顶板稳定性评价计算界面

（3）每输入一次数据计算，系统会在成果显示界面自动存储该计算结果。如不想保留该计算结果，用鼠标点击相关编号的计算结果（该行颜色变蓝），点击界面下部的【删除】即可删除。计算界面右侧给出了相关公式及评价标准，以利于参数的输入及对照分析。

五、采空区地基稳定临界开采深度计算

点击【采空区地基稳定临界深度】，进入采空区地基稳定临界深度评价界面，如图 6.24 所示。

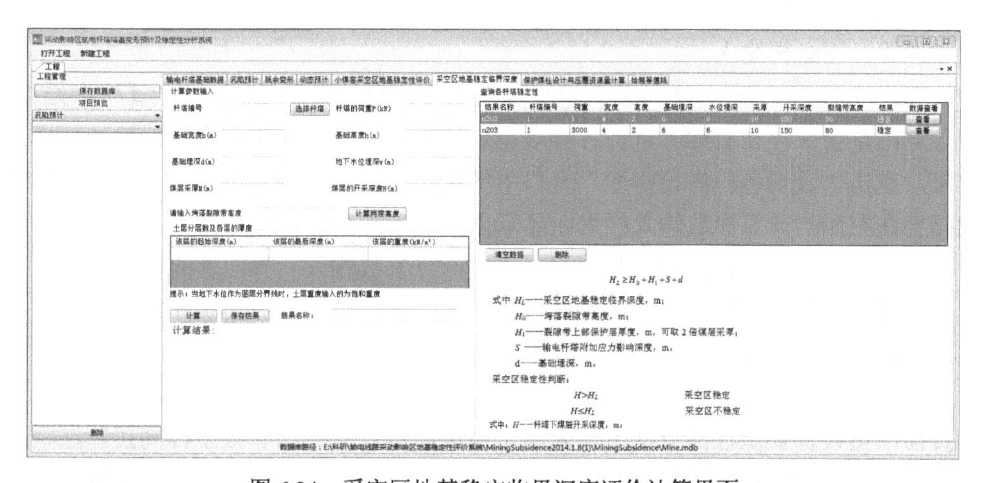

图 6.24　采空区地基稳定临界深度评价计算界面

附加应力影响的主要受力层深度可按照附加应力等于自重应力的10%位置确定，该深度以下的地层不会受到影响。采空区临界深度等于附加应力的影响深度与基础埋深、垮落裂隙带高度、保护层厚度之和，煤层开采深度大于采空区临界深度，采空区便处于稳定状态。

注意问题如下：

（1）点击【选择杆塔】，会出现对已经输入的所有输电杆塔基础数据选择界面，根据需要选择相应的输电杆塔参与计算（图 6.25），相关参数可直接显示在计算窗口中，对于没有显示的其他数据是可更改的计算条件数据，需要在计算中输入。

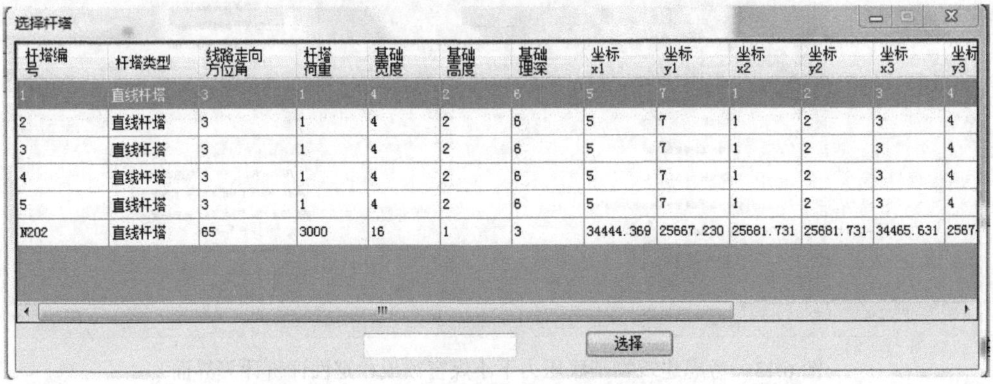

杆塔编号	杆塔类型	线路走向方位角	杆塔荷重	基础宽度	基础高度	基础埋深	坐标x1	坐标y1	坐标x2	坐标y2	坐标x3	坐标y3
1	直线杆塔	3	1	4	2	6	5	7	1	2	3	4
2	直线杆塔	3	1	4	2	6	5	7	1	2	3	4
3	直线杆塔	3	1	4	2	6	5	7	1	2	3	4
4	直线杆塔	3	1	4	2	6	5	7	1	2	3	4
5	直线杆塔	3	1	4	2	6	5	7	1	2	3	4
N202	直线杆塔	65	3000	16	1	3	34444.369	25667.230	25681.731	25681.731	34465.631	2567

图 6.25 参与计算的输电杆塔选择界面

（2）土层分层数及各层厚度的输入应从 0 开始输入，中间土层应保持连续，输入的土层深度满足计算附加应力即可。对不存在地下水的情况，可将地下水位输入一个较大的埋深，一般大于预估的影响深度即可。

（3）一般情况下，垮落裂隙带高度考虑煤层上覆岩层强度，可采用下列方法近似计算：软弱岩层为煤层采高的 9～12 倍，中硬岩层为煤层采高的 15 倍，坚硬岩层为煤层采高的 18～28 倍。也可点击【计算两带高度】，选择相应公式计算。

（4）公式中的 H_1、裂隙带上部保护煤层厚度、程序自动赋值为 2 倍煤层厚度代入公式中计算，不必再输入。

计算完成后，在“结果名称”窗口中输入本次计算结果的名称，点击【保存结果】，该次计算结果会保存在右侧“查询各杆塔稳定性”窗口中。如想查询其他输电杆塔的计算结果，点击“查询各杆塔稳定性”窗口中的【查看】即可，点击【查看】后，相关原始数据会在左侧的计算参数输入栏里面显示出来。

点击【清空数据】，会清除左侧窗口中“计算参数输入”界面里的所有参数。

点击【删除】，会删除“查询各杆塔稳定性”窗口中指定的某次计算结果。

六、保护煤柱设计与压覆资源量计算

目前，留设保护煤柱的方法主要采用垂直剖面法、垂线法和数字标高投影法，本系统采用垂直剖面法进行保护煤柱设计。在程序编制过程中，将垂直剖面法的图解方法转化为解析解，根据被保护物体的坐标，按照垂直剖面法设计保护煤柱的基本原理，求得煤柱在平面投影图上的平面坐标，进而求出保护煤柱的面积、体积和压煤量。

点击主界面上的【保护煤柱设计与压覆资源量计算】按钮，会出现图 6.26 的计算界面。

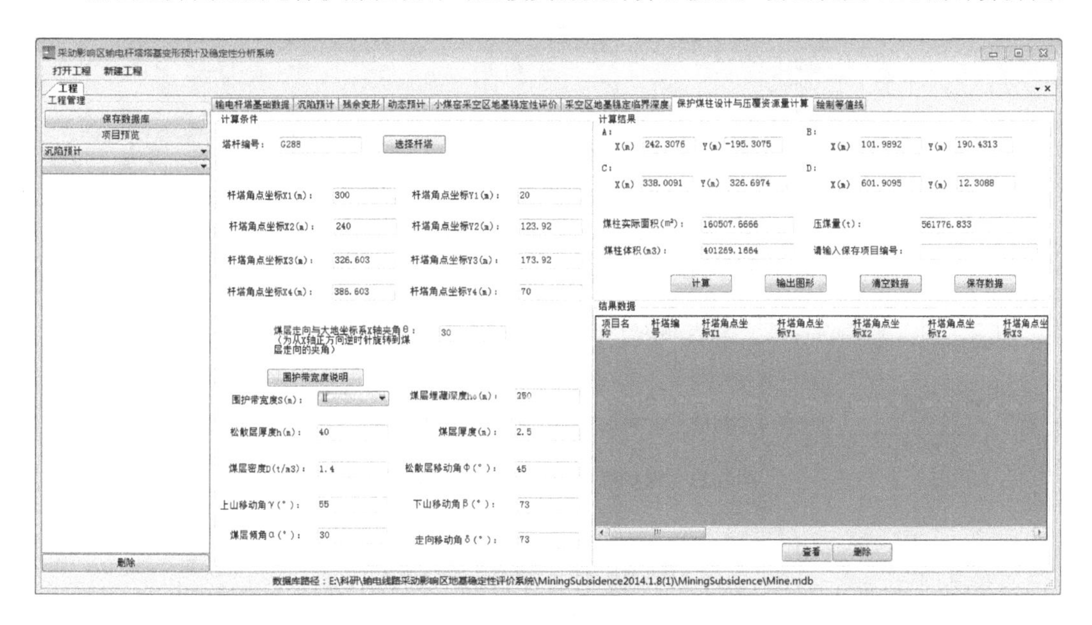

图 6.26　保护煤柱设计与压覆资源量计算界面

进入保护煤柱设计与压覆资源量计算界面，可以选择两种计算方法：

（1）计算任意形状建（构）筑物的保护煤柱，通过建（构）筑物的角点，作平行于煤层走向和煤层倾向的四条直线形成的举行保护范围，以走向为 X 轴，倾斜上山方向为 Y 轴，输入四角点坐标即可，程序中的煤层走向与大地坐标系 X 轴的夹角 θ 输入 0°，确定建筑物保护等级和维护带宽度，再输入与煤层相关的参数，即可开始计算。

（2）点击【选择杆塔】，则会出现本工程中所输入的所有输电杆塔数据基础数据界面（图 6.27），计算人员根据需要选择相应的输电杆塔参与计算，点击选择后，该杆塔的四角点坐标会自动显示在计算界面中，然后确定输电杆塔保护等级及围护带宽度，输入煤层走向与大地坐标 X 轴的夹角 θ，再输入与煤层相关的参数，即可开始计算。

（3）点击【维护带宽度说明】，会出现主要建构筑物保护等级及维护带宽度的提示窗口，计算人员根据实际情况参考（图 6.28）。

确定保护等级后，可在围护带宽度输入框，点击【▼】按钮，进行选择。

（4）计算完成后，相应保护煤柱的坐标、真实面积、体积及压煤量会显示在计算结果窗口内。

（5）计算完成后，计算人员可以在“请输入保存项目编号”窗口内，输入需要保存的本次计算的相关名称编号，点击【保存数据】，形影的原始数据及计算结果会保存在下面的结果数据窗口内，以方便计算人员随时查看，点击“结果数据”窗口下面的【查看】，相应计算结果的原始数据及计算结果会显示在原来相应的位置。

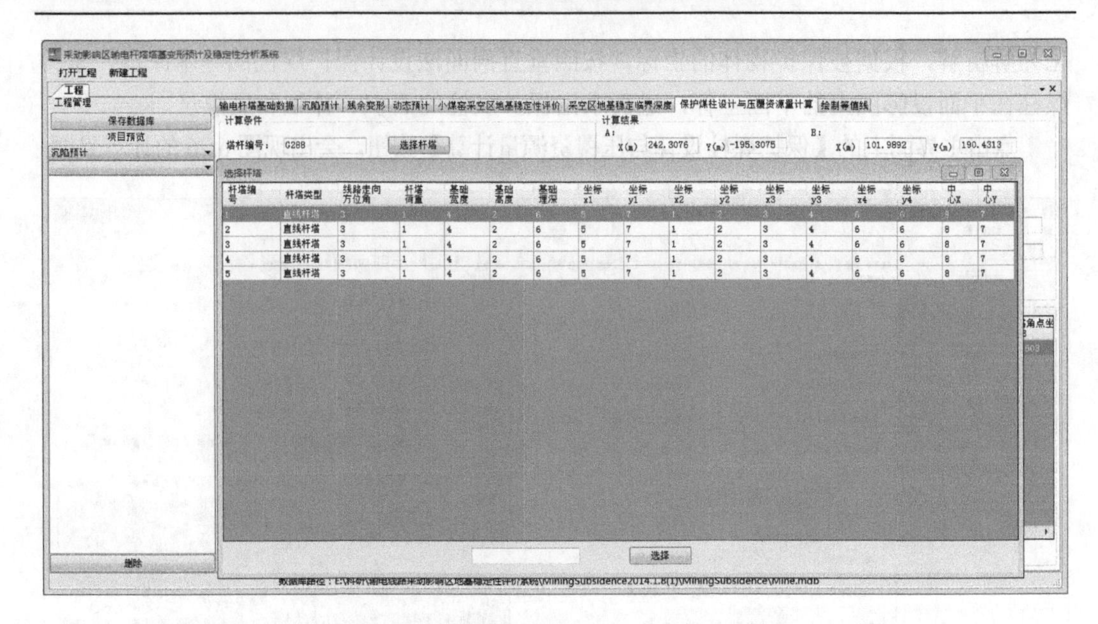

图 6.27　保护煤柱设计输电杆塔选择界面

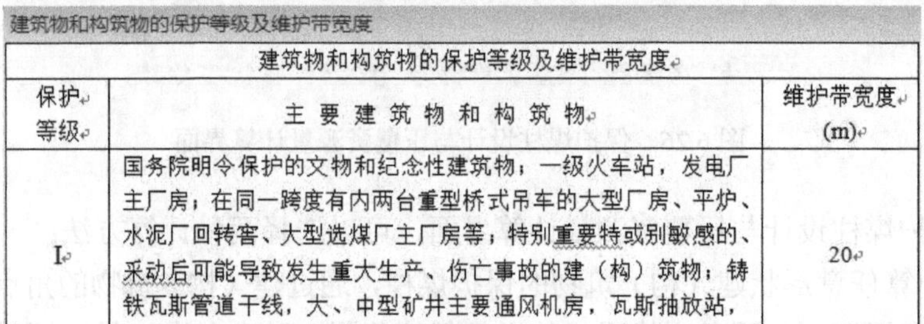

建筑物和构筑物的保护等级及维护带宽度

建筑物和构筑物的保护等级及维护带宽度		
保护等级	主 要 建 筑 物 和 构 筑 物	维护带宽度(m)
Ⅰ	国务院明令保护的文物和纪念性建筑物；一级火车站，发电厂主厂房；在同一跨度有内两台重型桥式吊车的大型厂房、平炉、水泥厂回转窑、大型选煤厂主厂房等；特别重要特或别敏感的、采动后可能导致发生重大生产、伤亡事故的建（构）筑物；铸铁瓦斯管道干线，大、中型矿井主要通风机房，瓦斯抽放站，高速公路，机场跑道，高层住宅楼等	20
Ⅱ	高炉、焦化炉，220KV 以上超高压输电线路杆塔，矿区总变电所，立交桥，钢筋混凝土框架结构的工业厂房，设有桥式吊车的工业厂房、铁路煤仓、总机修厂等较重要的大工型业建（构）筑物，办公楼，医院，学校，剧院，百货大楼，二级火车站，长度大于 20m 的两层楼房和三层以上多层住宅楼，输水管干线和铸铁瓦斯管道支线；架空索道，电视塔其及转播塔	15
Ⅲ	无吊车设备的砖木结构工业厂房，三、四级火车站，砖木、砖混结构平房或变形缝段区小于 20m 的二层楼房，村庄砖瓦民房；高压输电线路杆塔，钢瓦斯管道等	10
Ⅳ	农村木结构承重房屋，简易仓库等	5

图 6.28　建构筑物保护等级及维护带宽度提示窗口

（6）点击结果数据窗口内保存的某计算结果（该结果整行显示蓝色背景），点击窗口下面的【删除】，程序会出现是否删除该次计算结果的提示窗口，计算人员根据需要选择是否删除。

（7）点击计算结果窗口界面中的【清空数据】，程序会清除显示在计算条件和计算结果各窗口中的所有数据，以利于计算人员更新计算数据。

（8）每次计算完成后，点击计算结果窗口界面中的【输出图形】，程序会调用 CAD，绘制出根据垂直剖面法计算的保护煤柱设计图解示意图，如图 6.29 所示。

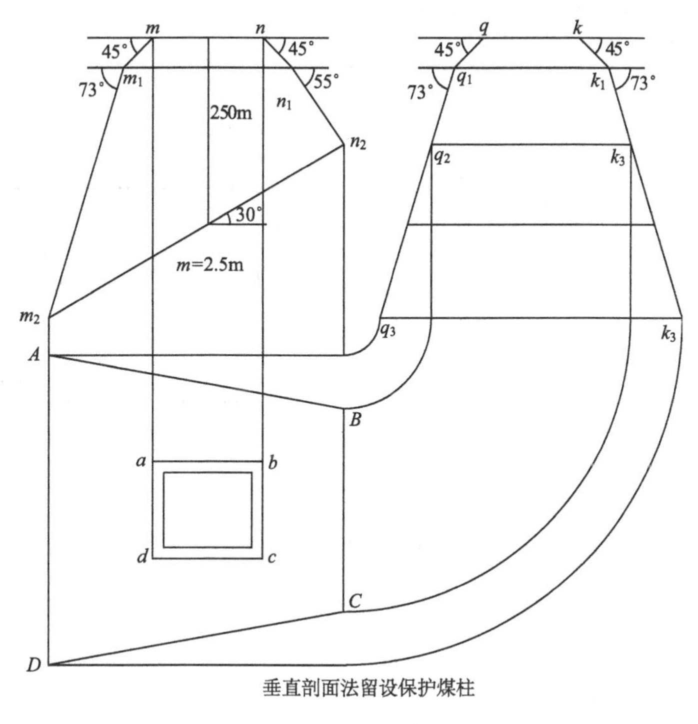

图 6.29　保护煤柱计算示意图

七、图形显示与出图

如果想显示受相关采掘工作面影响的地表沉陷等值线，点击计算界面右上角的【绘制等值线】，系统会进入等值线绘制界面，输入显示范围坐标、网格点间距、线路走向方位角，选取相关采掘工作面，右侧窗口选择需要显示等值线类型点击显示即可，如图 6.30 所示。

（1）绘图区域的坐标输入要考虑开采工作面的实际影响范围，输入的范围过大或超出影响范围以外，则程序读不出相关数据，不能绘制图形。

（2）本程序要求输入的绘图窗口数据为两个坐标点，左下角点坐标和右上角点坐标必须是拟绘制图形的左下角点和右上角点的相关坐标值，必须严格按要求输入数据，如输入的数据有误，程序会有相关提示。

（3）如考虑多个工作面叠加影响，可按住 Ctrl 键，点选相应工作面参与计算，输入相关数据，点击右侧“功能”窗口中的上一排按钮，等值线会显示在下部窗口内（图 6.31）。

（4）区域坐标的输入：仅需输入所需输出范围的左下角和右上角的坐标即可。

（5）网格点的间距：等值线的精度是指绘制等值线时，计算所需网格点的间距（m），间距越小，等值线内插值越精确，可根据需要设定等值线的精度，设定的精度过密要考虑计算机的计算能力，过密的话计算速度会很慢。

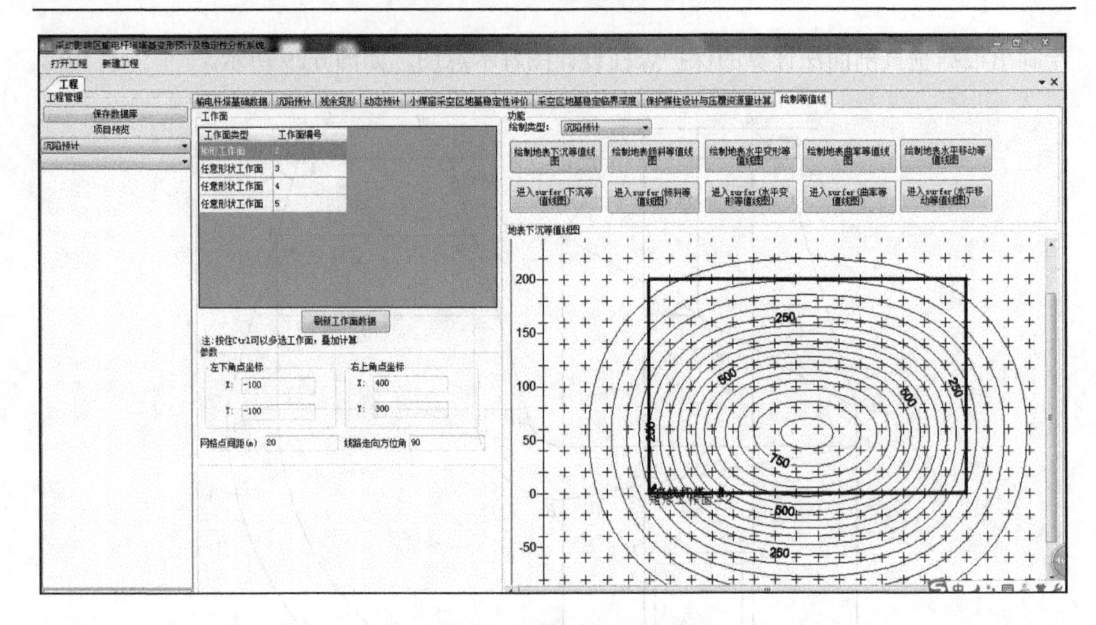

图 6.30　等值线绘制界面

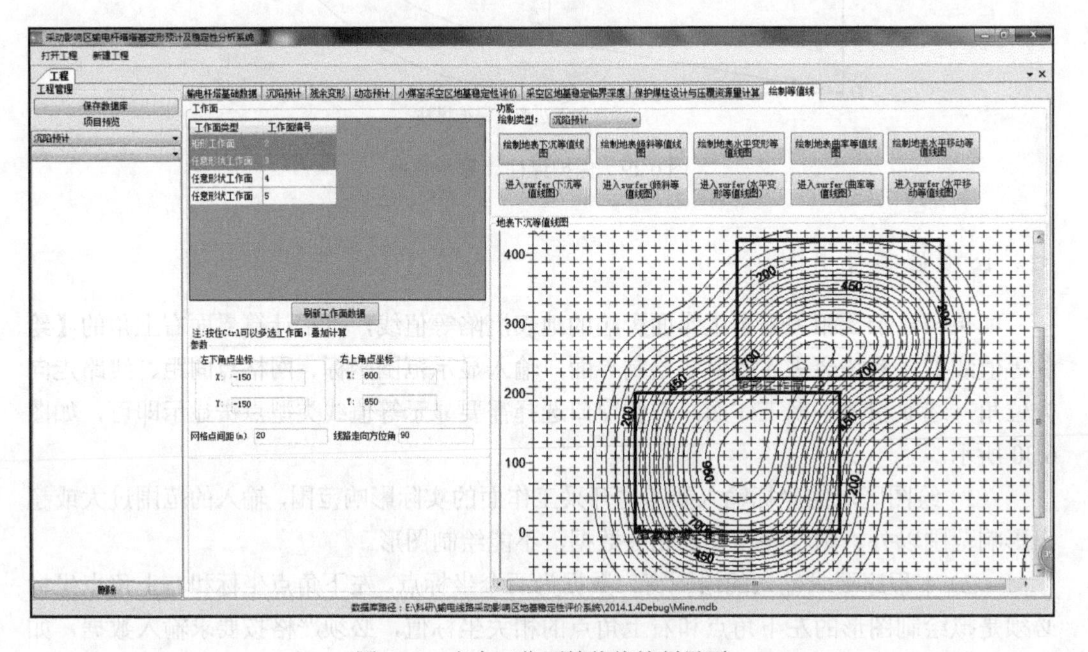

图 6.31　多个工作面等值线绘制界面

（6）本系统可以显示下沉等值线及其他等值线，但应注意除下沉等值线外，其他等值线均有方向性，如不同线路走向的杆塔计算出的变形值的方向性不一样，不应叠加在一起。

（7）绘制的类型可以选择静态预计曲线和残余变形曲线。

（8）点击功能窗口下排的进入 Surfer 绘图的按钮，相应的图形会调入 Surfer 绘图软件中进行操作，相应操作可参考 Surfer 相关书籍，如图 6.32 所示。

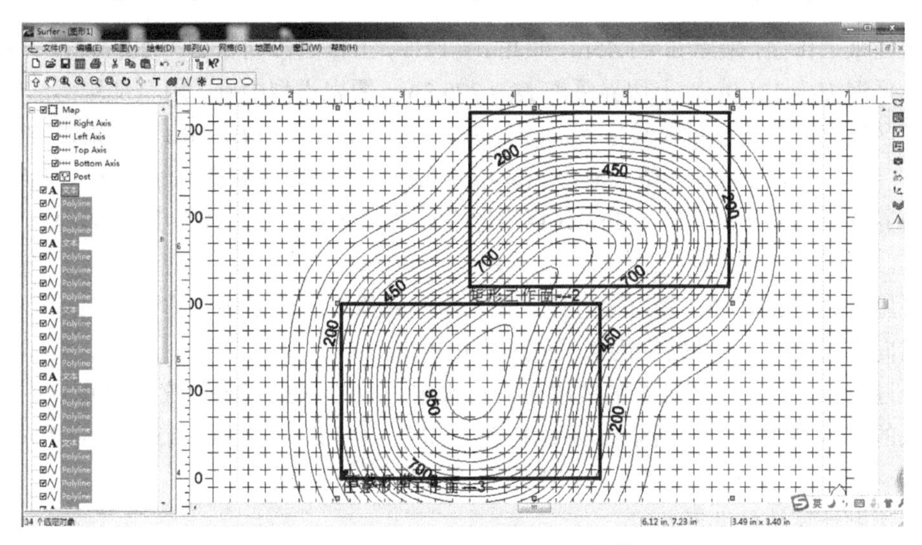

图 6.32　调入 Surfer 绘图软件显示的等值线

第四节　MFAT 软件系统计算实例

一、矩形工作面开采沉陷预计

计算数据来源于何国清等（1991）编写的教材《矿山开采沉陷学》中的例题 4-1 和 4-2。工作面布置如图 6.33 所示。

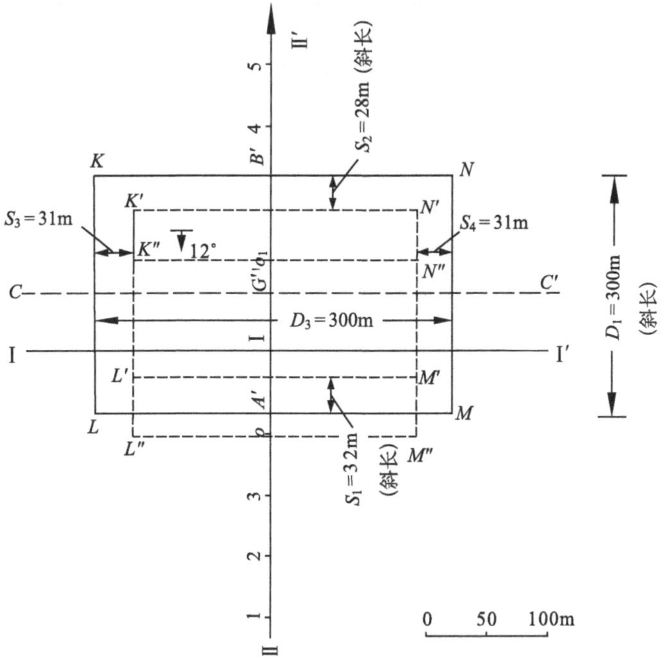

图 6.33　全倾向主断面地表移动和变形分布计算实例

I - I′. 走向断面；II - II′. 倾向断面

某回采工作面，采厚 $m=1.45\text{m}$，倾角 $\alpha=12°$，工作面倾向长 $D_1=200\text{m}$、$D_3=300\text{m}$，下边界采深 $H_1=321.9\text{m}$，上边界采深 $H_2=279.3\text{m}$，覆岩类型中硬，用全部垮落法管理顶板，矿区概率积分法参数经验值为：$q=0.76$，$s_0/H=s_1/H_1=s_2/H_2=0.1$，开采影响传播角 $\theta_0=90°-0.7\alpha$，下山边界参数 $\tan\beta_1=2.2$，$b_1=0.36$，上山边界参数 $\tan\beta_2=2.0$，$b_2=0.30$，走向边界参数 $\tan\beta=2.2$，$b=0.36$，计算沿地表移动盆地倾向主断面Ⅱ-Ⅱ′上的地表移动和变形值。

采用本系统计算时，为对比方便，设定坐标系原点位于采掘工作面的左下角，x 轴方向指向煤层走向，y 轴向上为煤层倾斜上山方向。

经过坐标变换，系统计算的线路走向可设定为 90°（按照本系统规定），系统计算中输入的图 6.33 中各点的坐标如下：1 点（150，−165.2）、3 点（150，−65.2）、o 点（150，−15.2）、G' 点（150，97.8）、4 点（150，234.8）。

原例题计算结果见表 6.3。

表 6.3　例题计算结果

变形值	1 点	3 点	o 点	G'点	4 点
下沉值 $W(x,y)$	5	205	522	705	27
倾斜值 $i(x,y)$	0.3	5.0	6.9	−5.5	−1.1
曲率值 $K(x,y)$	0.011	0.073	−0.014	0.096	0.040
水平移动 $U(x,y)$	15	292	444	−117	−44
水平变形 $e(x,y)$	0.6	4.5	0.5	−5.2	1.5

下面验算计算系统各点的沉陷变形计算结果，本系统软件输入的参数如图 6.34 所示。

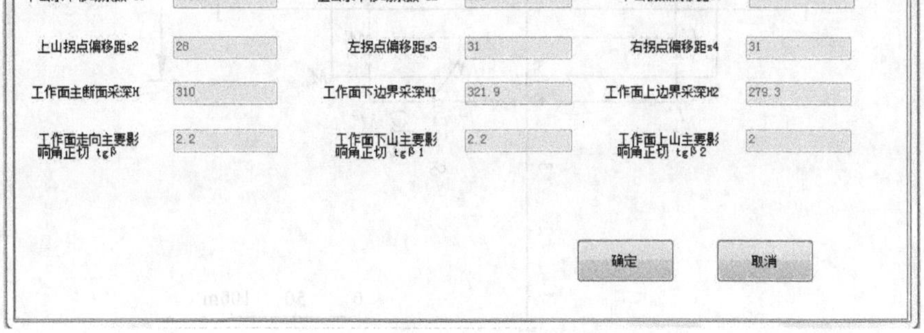

图 6.34　工作面计算参数录入界面

1 点、第 3 点、o 点、G' 点及 4 点的计算结果如图 6.35～图 6.39 所示。

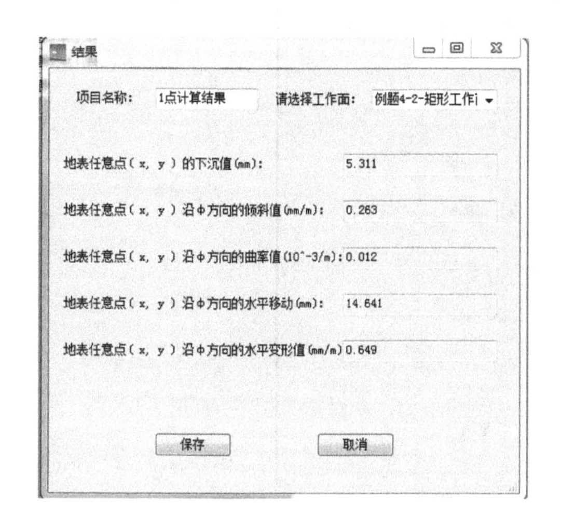

图 6.35 1 点计算结果

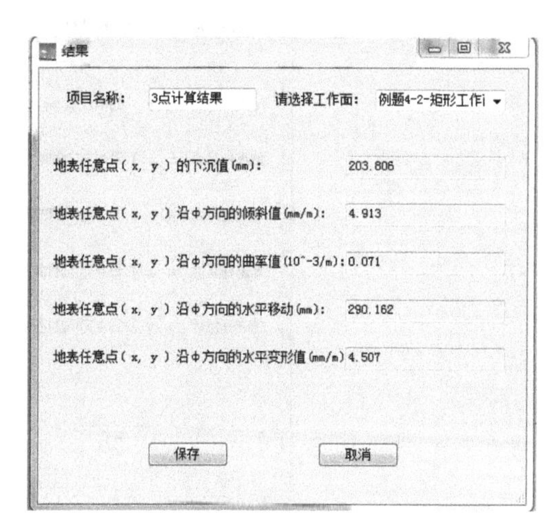

图 6.36 3 点计算结果

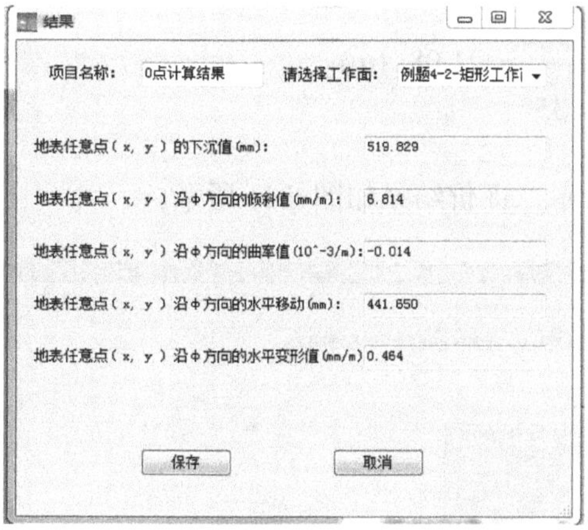

图 6.37 o 点计算结果

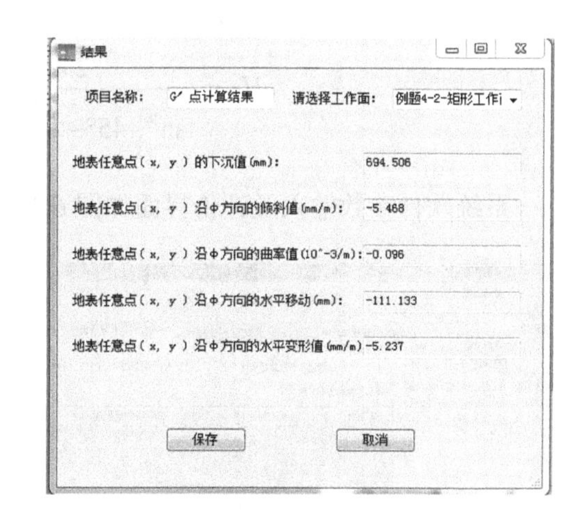

图 6.38 G'点计算结果

对比上述例题相应计算结果，完全符合实际（仅部分计算四舍五入的误差）。

二、小煤窑顶板自重稳定性评价

某地小煤窑大部分为个体私挖乱采，规模有限，上覆岩层内摩擦角 φ=35°，γ=22kN/m^3，小煤窑巷道宽度为 4m，煤层顶板埋深 150m，计算公式如下：

$$H_0 = \frac{2a}{\tan^2\left(45° - \frac{\varphi}{2}\right)\tan\varphi} \tag{6.10}$$

式中，H_0 为临界深度，m；a 为巷道宽度的一半，m；φ 为上覆岩层内摩擦角，（°）。

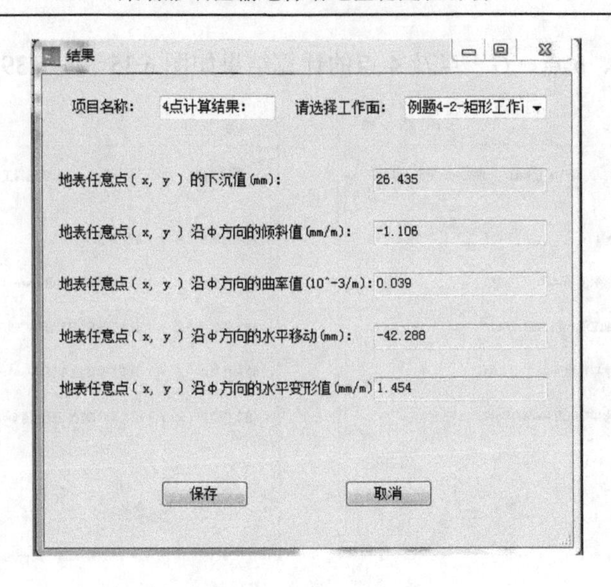

图 6.39　4 点计算结果

将上述数据代入式（6.10）计算得到

$$H_0 = \frac{2 \times 2}{\tan^2\left(45° - \dfrac{35}{2}\right)\tan 35°} = 21.08 \quad (\mathrm{m})$$

系统软件参数输入及评价界面如图 6.40 所示，评价结果如图 6.41 所示。

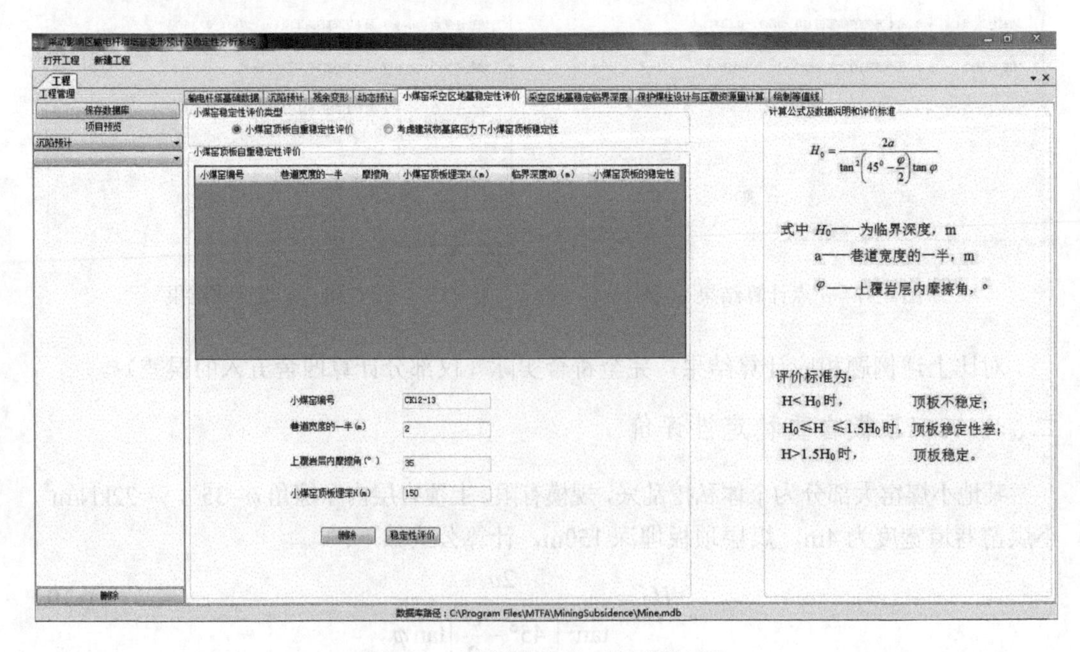

图 6.40　小煤窑顶板自重稳定性评价

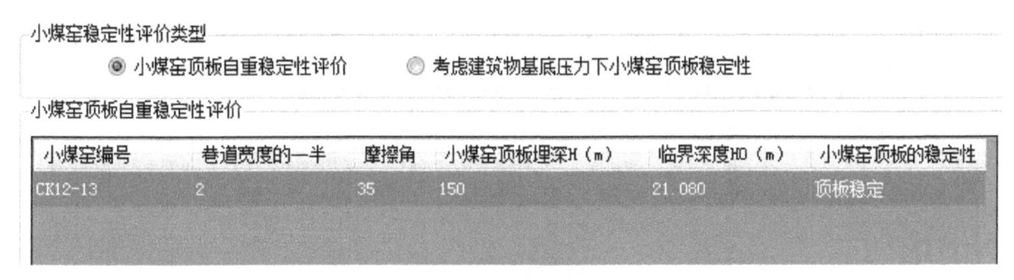

图 6.41　评价结果

对比解析解，计算结果及判定正确。

三、考虑输电杆塔基底压力下小煤窑顶板自重稳定性评价

某小煤窑，上覆岩层内摩擦角 $\varphi=35°$，$\gamma=22\text{kN/m}^3$，小煤窑巷道宽度为 4m，煤层顶板埋深 150m，输电杆塔基底压力为 20kPa，计算公式如下：

$$H_{01}=\frac{2a\gamma+\sqrt{4a^2\gamma^2+8a\gamma R\tan\varphi\tan^2\left(45°-\dfrac{\varphi}{2}\right)}}{2\gamma\tan\varphi\tan^2\left(45°-\dfrac{\varphi}{2}\right)} \tag{6.11}$$

式中，H_{01} 为考虑基底荷载的临界深度，m；γ 为上覆岩土层的重度，kN/m^3；a 为巷道宽度的一半，m；R 为输电杆塔基础单位基底附加压力，kPa；φ 为上覆岩层内摩擦角，（°）。

将上述数据代入式（6.11），计算得到：

$$H_{01}=\frac{2\times2\times22+\sqrt{4\times2^2\times22^2+8\times2\times22\times20\tan\varphi\tan^2\left(45°-\dfrac{35°}{2}\right)}}{2\times2\times2\tan35°\tan^2\left(45°-\dfrac{35°}{2}\right)}=21.9533\text{（m）}$$

系统软件参数输入及评价界面如图 6.42 所示，参数输入完后，点击【稳定性评价】，评价结果会保留在窗口内，如有多个工程，可点击删除不需要保留的，如图 6.43 所示。

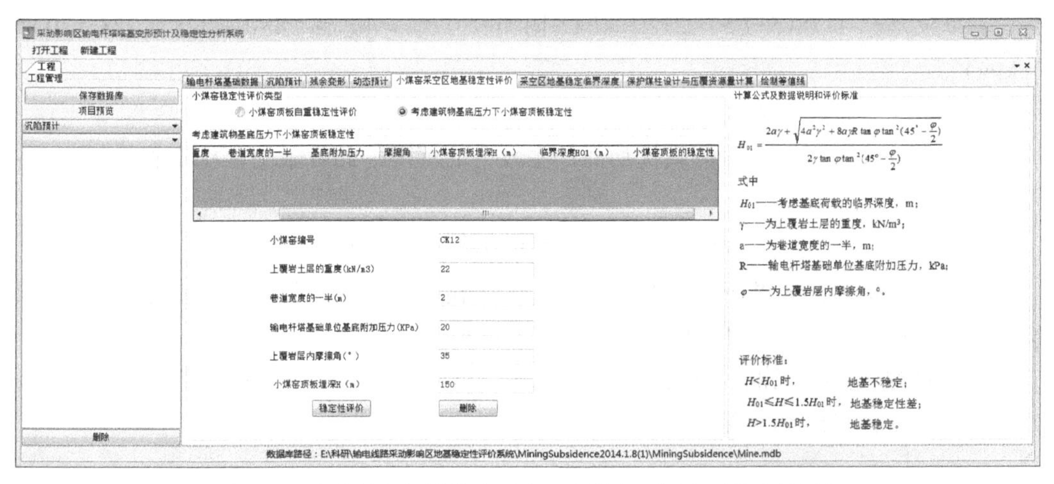

图 6.42　考虑输电杆塔基底压力下小煤窑顶板自重稳定性评价

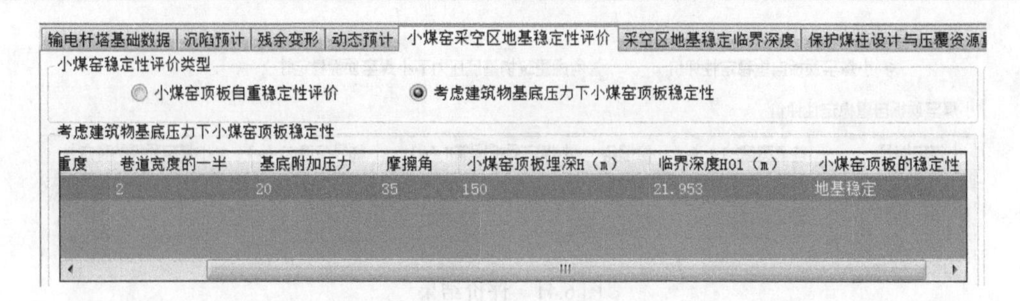

图 6.43　计算结果

系统软件计算结果及判断正确。

四、采空区地基稳定临界深度计算

特高压线路途经的山西晋城川底乡 N171 输电杆塔，塔重 260t，基础宽度 6.8m，基础埋深 5m，未见地下水。3 号煤层埋深 180m，煤层厚度 6.85m，黄土覆盖层厚度 19m，重度 17kN/m^3，下部为砂、页岩等互层，重度为 22kN/m^3，判断采空区 N171 杆塔地基稳定性。

根据第五章第二节确定的计算方法，手动计算结果如下：

地面下深度为 z 处的自重应力计算公式为

$$\sigma_{cz} = \sum_{i=1}^{n} \gamma_i \Delta h_i \tag{6.12}$$

基底附加应力：

$$\sigma_0 = \frac{P}{b^2} + (20 - \overline{\gamma})d \tag{6.13}$$

经计算，$\sigma_0 = \dfrac{2600}{6.8^2} + (20-17)\times 5 = 71.228(\text{kPa})$。

基础埋深为 5m，基础下部 7.5m 处的自重应力和附加应力分别为

自重应力 $\sigma_{cz} = 17\times(5+7.5) = 212.5(\text{kPa})$；附加应力 $\sigma_{z'} = 4\alpha_c\sigma_0 = 4\times 0.0732\times 71.228 = 20.85$（kPa）。

该深度正好是（附加应力 / 自重应力）值为 10% 确定的影响深度 S。

采空区地表不再因新增荷载扰动而产生较大的沉降，此时采空区稳定临界深度 H_{L} 可按式（5.17）计算：

$$H_{\text{L}} = 110 + 13.7 + 5 + 7.5 = 136.2(\text{m})$$

软件系统输入参数界面如图 6.44 所示，参数输入完成后，点击计算按钮，计算结果会显示在下面空白处，并可根据需要保存计算结果。

煤层埋深 180m，180>136.2，初步判断采空区上部输电杆塔地基稳定。计算结果及判断与本系统计算结果一致。

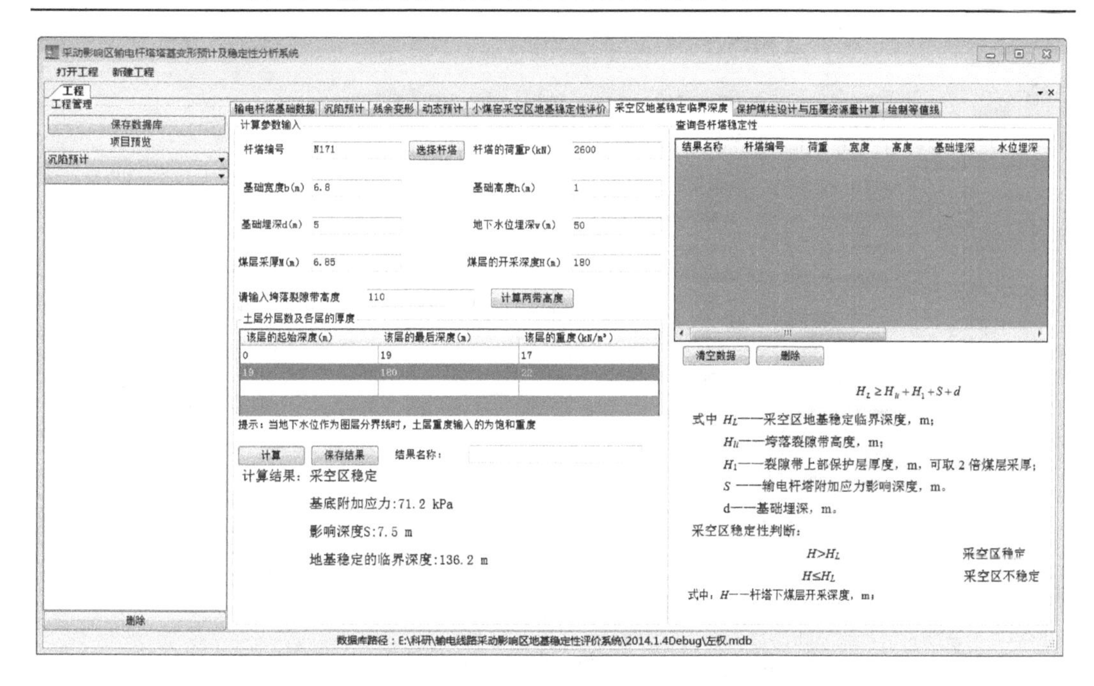

图 6.44　N171 输电杆塔采空区地基稳定临界深度计算

五、输电杆塔安全保护煤柱设计及压覆资源量计算

该例题来源于魏峰远等（2008）的《垂直剖面法保护煤柱设计的解析模型》。

设计某建筑物群的保护煤柱，平面图形为五边形（图 6.45）。已知各点坐标 X=[100，200，150，180，80]，Y=[20，30，60，120，110]，煤层倾角为 30°，表土层厚 40m，保护范围中央煤层埋藏深度为 250m，煤层厚度为 2.5m，表土层移动角为 45°，上山移动角为 55°，下山移动角和走向移动角均为 73°，围护带宽度为 15m，设计保护煤柱，计算保护煤柱压煤量。

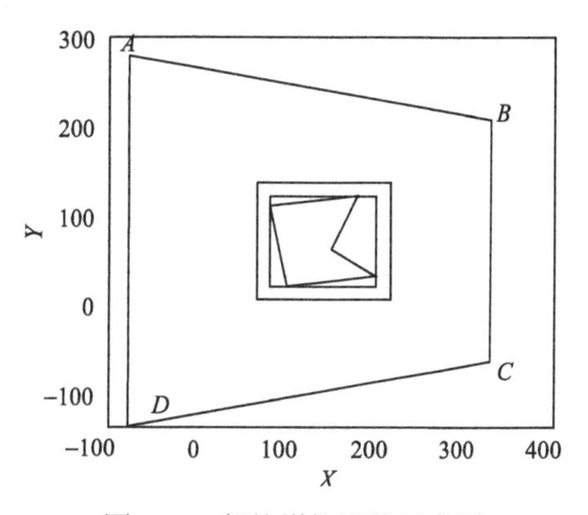

图 6.45　保护煤柱设计示意图

软件系统输入参数及计算界面如图 6.46 所示，左侧窗口为计算数据输入窗体，数据录入完成后，点击右侧窗体的计算按钮，设计的保护煤柱角点坐标及压煤量会显示在右侧界面中，并可根据需要，将计算结果保存在下面结果数据窗体内，根据需要可点击相关工程，查看和删除相关计算结果。如需要，程序会调用 AutoCAD，绘制出根据垂直剖面法计算的保护煤柱设计图解示意图。

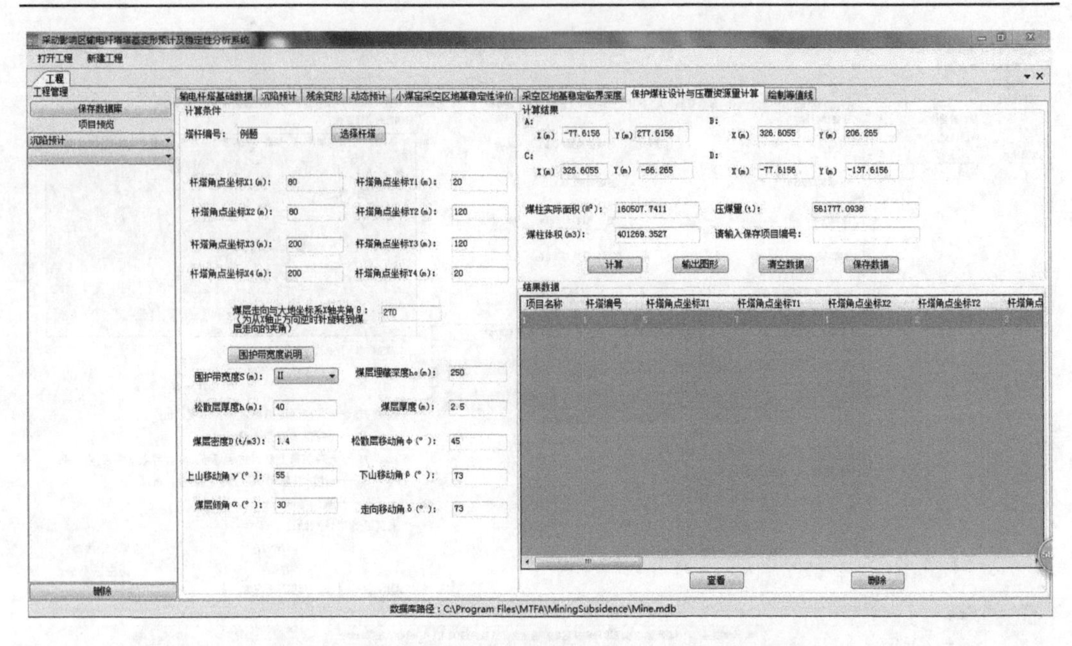

图 6.46　输电杆塔安全保护煤柱设计及压覆资源量计算

文章例题计算结果见表 6.4。

表 6.4　保护煤柱坐标成果

角点	X 坐标	Y 坐标	备注
A	−78.0443	278.0443	平面面积 139620m^2
B	327.1813	206.5164	真实面积 161220m^2
C	327.1813	−66.5164	压煤量 54.413 万 t
D	327.1813	−138.0443	

对比本系统与文章中的计算结果，可看出结果的微小差异是计算中的四舍五入造成的，本系统计算结果是正确的。

参 考 文 献

蔡美峰. 2002. 岩石力学与工程. 北京: 科学出版社

成枢, 姜永阐, 刁建鹏. 2003. 地下开采引起的高压线杆倾斜的定量研究. 矿山测量, (1): 51～54

杜栋, 庞庆华, 吴炎等. 2008. 现代综合评价方法与案例精选. 北京: 清华大学出版社

傅鹤林, 彭思甜, 韩汝才等. 2006. 岩土工程数值分析新方法. 长沙: 中南大学出版社

工程地质手册编委会. 2007. 工程地质手册(第四版). 北京: 中国建筑工业出版社

国家能源局. 2010. 架空输电线路运行规程(DLT-741—2010). 北京: 中国电力出版社

国家煤炭工业局. 2000. 建筑物、水体、铁路及主要井巷煤柱留设与压煤开采规程. 北京: 煤炭工业版社

郭文兵, 郑彬. 2010. 高压线铁塔下放顶煤开采及其安全性研究. 采矿与安全工程学报, 28(2): 267～272

郭文兵, 郑彬. 2011. 地表水平变形对高压线铁塔的影响研究. 河南理工大学学报, 29(6): 725～730

郭彦民, 冯世民. 2006. 利用三维地震瞬变电磁探测老窑采空区. 中国煤田地质, 18(6): 64～65

何国清, 杨伦, 凌赓娣等. 1991. 矿山开采沉陷学. 徐州: 中国矿业大学出版社

李德海. 2004. 覆岩岩性对地表移动过程时间影响参数的影响. 岩石力学与工程学报, 23(22): 3780～3784

李鸿吉. 2005. 模糊数学基础及实用算法. 北京: 科学出版社

刘朝安, 高文龙, 阙金声. 2011. 多种采动影响区杆塔地基稳定性数值分析. 工程地质学报, 19(6): 922～926

孙忠弟. 2000. 高等级公路下伏空洞勘探、危害程度评价及处治研究报告集. 北京: 科学出版社

童立元. 2003. 高速公路与下伏采空区相互作用分析理论与处理技术研究. 南京: 东南大学博士学位论文

童立元, 刘松玉, 邱钰. 2004. 高速公路下伏采空区问题国内外研究现状及进展. 岩石力学与工程学报, 23(7): 1198～1202

王强, 胡向志, 张兴平. 2001. 利用综合物探技术确定煤矿老窑采空区、陷落柱及断层的赋水性. 中国煤炭, 27(5): 29～30

魏峰远, 陈俊杰, 邹友峰. 2008. 垂直剖面法保护煤柱设计的解析模型. 煤炭学报, 33(3): 256～258

岩土工程手册编写委员会. 1994. 岩土工程手册. 北京: 中国建筑工业出版社

苑希民, 李鸿雁, 刘树坤等. 2002. 神经网络和遗传算法在水科学领域的应用. 北京: 中国水利水电出版社

余学义. 2001. 采动区地表剩余变形对高等级公路影响预计分析. 西安公路交通大学学报, 21(4): 9～12

査剑锋, 郭广礼, 狄丽娟等. 2005. 高压输电线路下采煤防护措施探讨. 矿山压力与顶板管理, (1): 112～114

张兵, 崔希民. 2009. 任意开采工作面积分区间的划分与实现. 地矿测绘, 25(3): 7～9

张建强, 张全录, 汤跃超等. 2004. 高压输电线塔基煤矿采空区的高密度电阻率法探查研究. 地球物理学进展, 19(3): 684～689

张勇, 高文龙, 赵云云. 2009. 煤层开采与 1000kV 特高压输电杆塔地基稳定性影响研究. 岩土力学, 30(4): 1063～1067

中华人民共和国国家标准. 2001. 岩土工程勘察规范(GB50021—2001). 北京: 中国建筑工业出版社

中华人民共和国交通运输部. 2001. 公路工程地质勘察规范(JTG C20—2011). 北京: 人民交通出版社

中华人民共和国交通运输部. 2002. 公路工程地质勘察规范(JTJ064—1998). 北京: 人民交通出版社

中华人民共和国交通运输部. 2007. 铁路工程地质勘察规范(TB10012—2007). 北京: 中国铁道出版社

中华人民共和国交通运输部. 2012. 铁路工程不良地质勘察规程(TB10027—2012). 北京: 中国铁道出版社

周万茂，张华兴，何瑞华. 2000. 任意形状工作面拐点移动距求取方法. 煤矿开采, (4): 13～16
邹友峰，邓喀中，马伟民. 2003. 矿山开采沉陷工程. 徐州：中国矿业大学出版社
Zhang Y, Cai M F, Zhao Y Y, et al. 2008. Mining of coal seam under mined out space and foundation stability of transmission tower. In: Cai M F, Wang J A. Boundaries of Rock Mechanics. London: Taylor & Trancis Group: 765～768
Zhang Y, Zhao Y Y. 2009. Deformation prediction of transmission pole foundation by using improved BP neural network. In: Wang H Y, Kay S L, Wei K X, et al (eds). 5th International Conference on Natural Computation. US:IEEE Computer Society:607～611
Zhao Y, Nan J, Cui F Y. 2007. Water quality forecast through application of BP neural network at Yuqiao reservoir. Journal of Zhejiang University Science A , 8(9):1482～1487